2019年国家自然科学基金项目（71873018）
2020年国家社科基金一般项目（20BJL170）

动物疫情影响下
我国动物性食品安全问题
及对策研究

何忠伟 刘芳／著

中国财经出版传媒集团
中国财政经济出版社

图书在版编目（CIP）数据

动物疫情影响下我国动物性食品安全问题及对策研究 /
何忠伟，刘芳著 . -- 北京：中国财政经济出版社，2022.3
ISBN 978 - 7 - 5223 - 1111 - 1

Ⅰ . ①动… Ⅱ . ①何… ②刘… Ⅲ . ①动物疾病 - 突
发事件 - 影响 - 动物性食品 - 食品安全 - 应急对策 - 研
究 - 中国 Ⅳ . ①TS251

中国版本图书馆 CIP 数据核字（2022）第 018639 号

责任编辑：张怡然　高　青　　　　　责任校对：张　凡
封面设计：陈宇琰　　　　　　　　　　责任印制：张　健

中国财政经济出版社 出版

URL：http：//www. cfeph. cn
E - mail：cfeph @ cfemg. cn

社址：北京市海淀区阜成路甲 28 号　邮政编码：100142
营销中心电话：010 - 88191522
天猫网店：中国财政经济出版社旗舰店
网址：https：//zgczjjcbs. tmall. com
北京财经印刷厂印装　各地新华书店经销
成品尺寸：170 mm × 240 mm　16 开　12.25 印张　157 000 字
2022 年 3 月第 1 版　2022 年 3 月北京第 1 次印刷
定价：49.00 元
ISBN 978 - 7 - 5223 - 1111 - 1
（图书出现印装问题，本社负责调换，电话：010 - 88190548）
本社图书质量投诉电话：010 - 88190744
打击盗版举报热线：010 - 88191661　QQ：2242791300

前言
QIANYAN

食品是人类生存的必需品，食品安全影响着人类的健康与发展，关系着人类的文明与进步。近年来，全球重大动物疫病的流行备受关注，关于动物疫情对食品安全影响的热点话题不断展开。目前我国因动物疫情而导致的动物性食品安全问题愈加显著，尤其2020年暴发的全球性新冠肺炎疫情也与动物性食品安全有直接或间接的联系，越来越多的研究证明，冷链动物食品可作为新型冠状病毒在国际传播的途径。随着近年来国内外频繁发生的动物源性食品安全事件，人类的健康也因此受到了威胁。尤其是随着工业时代的兴起而带来的环境污染问题对养殖动物的生存环境造成了极大的动物疫情感染风险，动物性食品安全问题也相继出现，且其涉及面较广、较为复杂、种类较多，尤其是动物疫病引起的动物性食品质量安全事故更为严重。布鲁氏菌病、禽流感、猪Ⅱ型链球菌病、牛结核病、狂犬病、沙门氏菌病等人畜共患病的暴发和蔓延，对人类健康构成了极大的威胁。非洲猪瘟、蓝耳病和猪圆环病毒病等动物的非人畜共患病不是直接传染给人类的，而是由其继发感染产生的有害物质引起人类出现食物中毒现象。因此动物性食品安全问题成为我国乃至世界亟待解决的难题。

本书的主要目的是通过收集、整理、调查与我国动物性食品安全有关的文献数据，对我国动物性食品质量安全管理现状及存在问题进行分析和总结。同时，根据我国的实际情况，提出了相应的对策建议以及有关理论依据，用以完善我国动物性食品安全监督管理体系，从而为推动我国动物性食品安全保障体系的构建奠定了一定的基础。首先研究影响养殖户对动物疫情防控意愿的因素，采用多元统计的计量方法，开展影响因素分析，提出养殖户的行为决策相关的对策建议。其次通过演化博弈分析法构建模型，研究在政府惩罚机制下，我国与动物性食品有关的动物养殖户与动物性食品企业之间的博弈分析，并针对具体问题提出对策建议。再次通过问卷调查研究动物疫情背景下消费者购买行为的影响因素，从而针对各个因素提出有关动物性食品销售链的整改意见以及提升消费者对食品安全的认知水平。最后根据分析结果，以动物疫情为背景，提出保障我国动物性食品质量安全的对策建议。

本书在调研与写作的过程中，得到了 2019 年国家自然科学基金项目 (71873018)、2020 年国家社科基金一般项目（20BJL170）的支持，学习和借鉴了一些专家学者的研究成果，梅雨婷、徐伟楠、张红、王茂安、王聪、任柯燃、刘镇玮等研究生做了大量的研究工作，在此一并感谢。此外，在研究过程中难免涉及许多学科的知识和方法，由于时间仓促，加之笔者水平有限，本书有纰漏之处，还望读者批评指正。

作者

2021 年 10 月

目录

MULU

| 第一章 |

导　　论

第一节　研究背景与内容

一、研究背景

随着国民经济的快速发展和人民生活水平的不断提升，肉制品已经成为我国居民饮食中不可或缺的一部分（刘忠侠，2010）。随着近年来动物疫情的发生以及业内的极端竞争行为，动物源性食品公共安全事件也频繁发生，例如生猪市场中，随着饲料、兽药以及仔猪等成本价格的上升，加上养猪户的增多使生猪市场的竞争加剧，导致生猪养殖户的养殖成本大幅增长，很多生猪养殖户为了降低成本和牟取暴利，采取极端竞争的行为，如用霉变的食物或馊腐的剩食喂养生猪，或者使用瘦肉精等添加剂，或者售卖病猪、死猪等（张园园、孙世民、彭玉珊，2014）。

动物疫情导致养殖动物死亡率升高，直接造成严重的经济损失。近年来，畜牧业的快速发展、动物饲养规模的扩大、高密度集约化饲养方式的普及和频繁调运、动物卫生监督和防疫工作发展不平衡、相关的法律法规滞后或落实不到位等，导致养殖动物更容易发生流行性、群发性疫情，且动物疫情会造成动物生产性能和畜产品品质下降，经济损失严重。动物疫情发生后，除可直接导致动物死亡外，还可造成动物生长发育受阻，动物群体生产性能减退，畜产品质量下降，动物饲料消耗、人工浪费、防治费用等养殖成本增加，环境受损及相关产业经济损害加大等。动物疫情的发生也使动物及动物产品在国际贸易中遭受损失。在国际市场上，动物疫情已经成为制约我国畜禽产品扩大出口的主要障碍。我国出口的动物源性食品常因为动物疫病问题而被退货、销毁，使我国畜禽产品难以进入国际市场。目前，动物疫情已严重威胁人类的健康。许多人畜共患病的发生、流行，造成一些国家和地区人们的高度恐慌。同时，由于临床防治动物疫病时，大量盲目使用或混用抗生素，使病原菌产生耐药性并造成动物体内药物残留，严重危害人类健康。

二、研究内容

根据拟订的研究目标，本书主要研究以下几个方面的内容：

第一章主要介绍相关研究背景和内容、研究方法和研究意义、国内外研究综述以及本书的创新点与不足之处。

第二章主要是对相关概念以及理论的介绍。

第三章主要对我国动物疫情突发时的防疫措施进行了概述。

第四章主要强调动物疫病的防治对动物性食品安全的重要性。

第五章主要介绍我国动物源性食品质量安全管理现状。一是主要阐述了我国动物疫情防控状况、动物性食品监管机构与监管体系建设以及我国动物性食品的监管运转情况；二是分析我国动物性食品安全监管机构和人员问题、我国动物性食品的药物残留问题以及生态污染问题；三是掌握影响我国动物性食品质量安全的因素，并指出我国动物性食品安全保障过程中存在的问题。

第六章是动物性食品安全视角下中国养殖户决策行为分析。一是分析动物养殖户在动物性食品安全事件中所处地位；二是构建了动物性食品安全问题突发下动物养殖户的行为决策模型，利用问卷调研，获取养殖户的选择行为、防控手段等内容；三是采用多元统计的计量方法，开展影响动物养殖户行为决策的因素分析。

第七章是基于演化博弈理论，明确养殖户和企业的权责关系，构建了动物性食品安全问题下养殖户和企业的行为决策模型，利用演化博弈模型方法，开展影响主体行为决策的因素分析。

第八章主要分析在动物疫情背景下，动物性食品安全对消费者的选择行为有何影响。

第九章是我国动物性食品质量安全对策建议。主要从补全政府部门监管制度短板、保障养殖户科学化及专业化管理流程、强化动物性食品企业食品质量安全管理体系、制定群体间认知及信任强化对策四个方面提出对策建议。

第二节　研究方法与研究意义

一、研究方法

（一）文献分析法

本书采用 Google scholar、CNKI 等数据检索，获取关于我国动物疫情防控状况、动物性食品监管机构与监管体系建设（分为动物卫生监督体系、食品质量监管体系、畜牧兽医执法体系以及产品认证和标准化体系）以及我国动物性食品的监管运转情况等方面的研究进展情况；除此之外，通过世界卫生组织（WHO）、保卫地球国际公益组织（EIO）、国内外政府网站获取动物性食品安全突发事件的发生与保障现状的重要资料。

（二）计量模型分析法

利用问卷调研、访谈、搜索企业相关信息等获取数据资料，基于大数据的关联分析和挖掘等算法，分析动物性食品安全信息传播特征及其产生的影响；采用多元 Logit 回归模型分析，开展影响群体行为决策的因素分析；建立疫情风险下动物性食品消费者、养殖户各自的作用力评估指标体系，分析动物性食品安全问题中群体作用机制。

回归模型研究动物性食品安全问题中消费者与养殖户的行为决策：

消费者行为回归公式为：

$$Y_i = f(X_1, X_2, X_3, LX_n, e_i)$$

养殖户行为回归公式为：

$$V_i = \alpha + \beta_1 M_1 + \beta_2 M_2 + \beta_3 M_3 + \beta_n M_n + \mu_i$$

Y_i 表示第 i 个消费者猪肉消费量是否有所减少的行为；X_n 则代表各个影响因素，包括消费者个人以及其家庭基本特征（性别、年龄、家庭月收入），消费者对动物疫情的认知情况、购买猪肉时对猪肉质量安全信息的关注度，以及消费者对疫情风险认知情况和对政府部门应对疫情防控手段的态度等；e_i 表示随机干扰项；V_i 表示第 i 个养殖户防控意愿的行为决策；M_n 则代表各个影响因素，包括性别、年龄、学历、养殖规模、养殖经营模式、疫病的传染速度、疫病的传播/传染方式、自身的养殖防疫技术以及对政府疫情防控政策的了解程度；μ 表示随机干扰项。

（三）演化博弈法

一是以动物性食品为基底，引入动物性食品成本收益转化率系数，构建动物源性食品供应链中的动物养殖户和企业双方的博弈矩阵，分析成本收益转化率系数的变化对博弈双方动物源性食品质量安全投入及均衡状态的影响；二是考虑到在动物源性食品的供应链中，动物养殖户和企业双方中任意一方的质量投入和双方同时质量投入对提高动物源性食品质量安全的程度存在区别，因此本书构建两个不同的成本收益转化率系数以使模型切合实际；三是量化比较不同惩罚机制对系统均衡、演化稳定策略以及整个供应链成员质量安全投入的影响，构建了动物养殖户与企业之间的演化博弈模型，运用 matlab 软件画出相位图并得出结论。

（四）案例分析

动物性食品质量安全问题的发生具有时点性和危害性，在数据搜集上存在较大难度，本书选取国内发生非洲猪瘟、H7N9 等典型动物性疫病引发的食品安全事件，通过网络资料搜集，为我国动物性食品安全的影响因素研究、保障体系研究等提供丰富的素材，相关案例的防控研究有利于对我国应对动物性食品质量安全问题的政策体系脉络进行梳理。

二、研究意义

动物疫情对养殖业的危害性极大，不仅影响畜牧企业的经济利益，还威胁着广大消费者的生命安全。食源性动物产品安全尤其与养殖场动物疫病防控工作密切相关，食源性动物是人们所需的肉制品的主要来源，一旦食源性动物出现疫病，对人体的危害巨大。

通过分析现有动物疫情背景下动物性食品安全问题以及通过问卷方式分析疫情突发下养殖户的防控意愿，研究影响养殖户防控意愿的因素，从而提出对策以增大我国养殖户在动物疫情发生时采取防控意愿的概率，有效控制养殖动物出栏时的健康状况；通过分析养殖户与企业之间的博弈关系，研究双方对食品质量安全的投入情况，再通过问卷方式分析动物疫情突发时对消费者决策行为的影响，从而针对具体问题对养殖户和动物性食品企业提出相应的对策建议或整改方法，并且对消费者加大动物疫情以及动物性食品安全的认知宣传力度，从而在消费者、养殖户、动物性食品企业、政府之间建立相互的信任关系，并促使整个动物性食品安全链得到改善。动物源性食品质量安全涉及动物的饲养、屠宰、加工以及销售的各个环节，其中的任何一个环节出现问题都会直接或间接影响到动物源性食品的质量安全，都可能会导致动物源性食品的质量检测不合格，只有保证动物从"饲养地"到"餐桌"的全程质量安全的控制，才能确保最终的动物源性食品的质量安全得到保证。

第三节　国内外研究综述

一、国内外动物性食品质量安全研究现状

美国畜牧业产业相对比较成熟，是高资本、高投资的技术产业。同时，其食品安全的管理模式也非常完善，不仅有特殊的法律保障，还具备相关的食品安全标准。美国学者霍尔沃森（Halverson，2011）采用案例研究的方法研究射频识别（RFID）的作用，以美国一家大型牛肉加工厂为案例分析了 RFID 技术的成本和效益，认为 RFID 技术可以预防疾病并实现美国牛肉农产品的可追溯性。由戴维森（Davidson. R. M，2005）的研究可知，新西兰 2005 年左右没有动物疾病和其他重要疾病，如狂犬病和传染性海绵状脑炎。从历史上看，三种重要的非流行疾病，即传染性牛胸膜肺炎、典型的猪瘟和擦伤，已经成功地消除了。佩雷斯等（A. Perez et al.，2018）预测到 2050 年，世界人口将达到 90 亿，粮食需求进一步增加，此外，减贫进展将导致日益壮大的中产阶级将粮食消费模式转变为更多的动物蛋白质摄入，因此动物生产预计将逐步增长（和变化），从而在全球范围内提高生产系统和贸易的连通性。奥卡利等（I. C. Okoli et al.，2005）研究了动物食品的生产、处理和消费状况及其对尼日利亚居民健康的影响。里奇等（Rich. K. M et al.，2018）讨论了系统动力学建模在解决与动物健康和食品安全问题相关的价值链影响方面的作用，指出系统动力学多指标类集调查方法有望成为捕捉食品安全和动物健康系统的生物学、经济学和行为方面之间复杂反馈的一种手段。列维亚等（Leiva. A et al.，2018）通过生产链和食品安全生产实践，了解到哥斯达黎加动物副产品餐饮业的特征为一

体化的整体生产系统。莱格等（Léger Anaïs et al.，2019）对欧盟、美国和欧亚关税联盟的立法、公共和私人标准进行了定性比较，关税同盟的使用水平一般低于其他地区，猪肾中四环素的 MRL 水平比美国低 1 200 倍。

张荣莲等（2016）分析了动物性食品安全在环境污染、药物添加、生产加工以及疾病诊疗四个方面产生的危害。王冀宁、潘志颖（2011）认为难以有效解决食品安全问题，严重降低了消费者对社会信任程度，同时限制了动物性食品市场的良性发展。陈煦江等（2013）依据"十三五"国家食品安全规划的指导，主要通过"互联网 +"的核心技术整合消费者反馈的食品安全信息和动物性食品商家提供的溯源信息，这对构建储存大量数据信息的食品安全信息平台具有重大意义。

围绕以上国内外动物性食品质量安全研究现状，综合来看，国外学者更注重采用案例研究，针对某一案例进行深入的研究并优化研究方法，我国学者则侧重于宏观研究，较少从具体事例中着手，因此我国在动物性食品质量安全研究上应更侧重于具体案例的分析。

二、国内外动物性食品安全管理体系研究现状

国外的学者彼得森等（B. Petersen et al.，2002）描述了一个涵盖整个生产链的计算机化健康管理系统的模型，从繁殖到屠宰，以及在农场一级开发一个预警系统，而该模型是根据农场、屠宰场和咨询服务机构之间的数据记录、处理和信息交换来构建的。因此，建立该系统的一个先决条件是建立一个中央组织在各方之间共享信息和通信，没有现代信息技术的支持，面向过程的预先信息和预防措施的数据流是不可能的。莫妮克等（Monique. R. E. Janssens et al.，2019）揭示了在动物食品行业的公司中哪些交际因素激发了对动物负责的态度，表示一个负责动物福利的经理可以通过两种方式来加强公司的道德地位，一是与公司内外的利益相关者联系，二是作为主持人，促进经理本身不参与的这些利益相关者之间的沟通

联系。范等（Van Eenennaam Alison. L et al.，2019）指出美国食品和药物管理局（FDA）已提议对所有使用现代分子技术故意改变基因组的食用动物进行强制性的市场前动物新药监管评估，并认为此监管不合理。托马斯等（Thomas Burkgren et al.，2005）认为对动物兽医的临床从业者来说，更重要的是一个有意义的监测系统，它能跟踪引起动物疾病的常见病原体的耐药性趋势。普利纳等（Pulina et al.，2014）认为在不同的畜牧生产系统的不同阶段可能会发生化学危害。

叶煐翼（2019）认为必须经过国家法定的动物检验检疫手段来实现动物产品质量的提升，要严格产地检疫流程、严把各检疫环节质量关、加强检疫工作监督、建立检疫监管机制。蒋羽等（2017）以"互联网＋"的新思维为指导，将涉及进口动物源性食品的所有方面都纳入系统管理，打造了一套全新的符合行业发展特点的新的食品安全监管体系。周宁馨等（2015）从历史沿革、现状特点和运行机制三个方面来分析芬兰的食品安全监管体系特点，并总结其对我国的启示。陈秋玲等（2011）以食品安全预警指标体系为基础，结合指标设计的可操纵性、灵敏性、全面性、实用性以及食品安全检测检验项目和动态性原则，设计出动物性食品生产、运输、消费环节 3 个层面 11 个具体食品安全性指标的评价体系。朱淀等（2014）根据中国良好农业规范（China GAP）标准中农业质量控制框架和要求，提出包含运输环节中食品质量抽查合格率、生猪（瘦肉精）/水产品抽检合格率、蔬菜农药/兽药残留评价体系等 11 个指标。马提维等（Mattevi. M et al.，2016）、王冀宁等（2016）和曹裕等（2017）认为食品安全管理的封闭性问题可借助移动互联网技术得到解决。

综上所述，国内外关于动物性食品安全管理体系研究上仍存在差异。国外学者对于动物性食品安全管理中的技术性问题较为注重，并侧重于优化管理体系模型；国内学者虽结合国外经验与优势进行了改良，但仍然更侧重于遵循原有的系统化管理规则。因此，我国在遵循管理体制的同时，还应在管理技术创新上进行深入研究。

三、国内外动物性食品安全保障分析研究

国外学者艾·托马塞维奇等（I Tomašević et al.，2017）认为食品工人和兽医检查人员中严重缺乏受过 HACCP 教育和（或）培训的人。里奇等（Rich. K. M et al.，2017）利用系统动力学方法，突出了政策目标与实现这些目标所需费用之间存在的重要权衡。索尼亚等（Sónia Ramos et al.，2013）研究了动物体内抗药性细菌对食品安全的影响。奥康纳等（A. M. O'Connor et al.，2014）对动物健康、动物福利、食品安全等方面的系统评价进行了介绍，并对系统评价的过程进行了探讨。谭业平等（Yeping Tan et al.，2014）着重介绍了动物源性食品的主要问题和挑战，包括微生物病原、食品添加剂和化学残留物；此外，针对动物源性食品问题，包括动物的健康和福利、鉴定和可追溯性、抗菌性等，提出了相应的对策，讨论了动物源性食品加工和保存的尺寸、新工艺和新技术以及风险评估。波齐奥（Pozio. E，2014）以动物性寄生虫为例将动物健康监测与食品安全结合起来研究。林奇等（Lynch. J. A et al.，2014）研究了屠宰场一级的监测对象以及承担主要监督工作的政府，并对监督工作提出了对策建议，即制定出长期方针，政府、工业和学术界之间的合作，应用基于风险的方案以及对数据的透明公众访问，产生从数据导出的面向消费者的通信。贝勒曼（Bellemain. V，2014）研究了兽医服务在动物健康和食品安全监测中的作用，以及与其他服务部门的协调机制。安娜等（Ana. M. Rule et al.，2008）研究表明抗生素饲料添加剂在食用动物生产中的应用与细菌病原体耐药性的选择有关，细菌病原体可通过产时释放到环境中，开放式板条箱运动引入了一种新的接触有害微生物的途径，并可能将这些病原体传播到一般环境中。

师子钧（2019）分析了我国动物性食品目前存在的问题，如防疫检疫制度不健全、不合理，防疫检疫宣传工作过于单一，防疫检疫人才流失现

象严重，受传染病、添加剂影响等。张兴红（2019）认为动物食品的安全性与动物检验检疫密不可分。高静荐（2018）通过研究兽药残留对动物性食品的影响，提出了几点建议：加大监管力度，建立相应法律法规；加强兽药生产及使用的管控；普及动物性食品安全知识；严格管控动物性食品原料的兽药检测。陈莎莎、王娟（2017）从《中华人民共和国农产品质量安全法》《中华人民共和国畜牧法》《兽药管理条例》到农业部门规章和公告，梳理了我国兽药使用的有关规定。王功伟（2019）面对日益突出的食品安全方面的问题，认为加强动物源性食品安全监管能力建设，建立现代化动物源性食品安全示范区已成为适应"食安中国"新形势下的重要举措。张明华等（2017）食品安全管理的研究结果发现政府监管能力在食品安全行为规范中起到重要作用，政府监管部门发现食品安全问题的概率和处罚力度越大，动物性食品企业对食品安全行为的规范力度就会越大。

由上述可知在动物性食品安全保障的研究方面，国外学者注重具体案例与适应方法的结合，通过分析具体案例和具体情况，从而研究出心得方法和保障机制；我国学者认为动物食品安全保障机制方面应统一遵循国家法定标准与制度，因此对宏观方面的制度规则研究较多。

四、国内外动物源性食品安全问题危害研究综述

国外学者德帕等（P. M. Depa et al.，2017）综述了疾病对经济的影响，以及在国际和国家两级的口蹄疫流行病学和控制这种疾病的发现。动物疾病对动物性食品安全影响意义重大，容克等（Junker et al.，2009）以口蹄疫为例，分析了动物疾病暴发和替代控制做法对农业市场和贸易的影响。而莫迪萨恩（B. M. Modisane，2010）认为在动物传染方面可以采取多种措施来避免疾病从感染动物传播到清洁动物，能否成功取决于各种因素，包括疾病的强度和能力。麦克尔韦恩（Mcelwain. T. F et al.，2017）以高度致病性禽流感、口蹄疫和布鲁氏菌病为例回顾了高危生物威胁因子对

动物健康、经济、食品安全和安全性的影响。动物性食品安全问题的风险因素在很大程度上决定了一个人对风险的关注、担忧、生气、焦虑、恐惧、敌意、愤怒，甚至会影响到其最终的立场和行为，造成不必要的损失（Smith. D et al.，1999）。

刘延海等（2012）和夏文汇等（2015）认为在整个食品供应链中，从食品生产开始就伴随着食品安全风险，任何环节的小错误都可能导致大规模食品安全意外事故。张延平（2006）认为在食品运输过程中，设备质量和设备数量标准的协调可以保证易腐食品始终处于适宜的运输环境中。另外在食品工业中，还有一些小个体工商户，为了节约成本，实现利润最大化，以非专业手段如自然状态承担食品物流运输业务，从而增加食品质量问题发生的风险（赵冬昶，2011）。食品安全的相关机构除了作为监管机构的政府外，还包括消费者协会、媒体、企业和非政府组织等利益相关方，每个主体都会因单个主体的变化而产生不同的影响，从而形成不同的利益配置（薛楠等，2015），如果利益关系联系不当会使动物性食品企业违反食品市场的游戏规则，诱发其不道德行为。

综上所述，在国内外动物源性食品安全问题危害研究方面，国内外学者的侧重点较为统一，都是从食品安全性、动物健康以及经济效益方面的影响考虑，这表明食品安全问题的危害性对于全球的影响较为统一，是亟待解决的全球性课题。

五、针对国内外动物性食品安全研究评述

上述研究表明，国内外学者对动物性食品安全研究现状、管理体系、保障分析以及问题损失等方面做了大量研究，取得了显著的成果，对本书动物性食品安全问题及对策的研究具有重要的启发和借鉴意义。

首先，在以往宏观分析动物性食品安全问题的目标和效果的基础上，结合微观分析研究动物疫情的发生对食品安全产生的影响，以及对动物养

殖户和动物性食品企业之间的演化博弈效果，分析其策略行为；其次，从信息渠道出发，结合政府的作用，掌握养殖户、企业和政府的权益关系，分析对成本和收益等方面的影响；最后，国内外行为理论相关研究较为成熟，尤其是国内对养殖户经济行为的研究较多，但涉及公众、企业和政府多方面在动物疫病对食品安全问题的影响研究还很少。

基于以上研究现状，本书以动物性食品消费者、动物养殖户和动物性食品企业为主体，运用 Logit 模型和演化博弈模型对我国动物性食品安全中动物养殖户和动物性食品企业的博弈规律进行分析，建立我国动物性食品安全保障体系，对动物性食品安全问题中动物疫情、动物养殖户和企业的行为及其影响因素进行理论与实证研究，为我国动物性食品安全保障机制建设和政策创新提供理论与实证支持。

第四节　创新点与不足之处

一、创新点

第一，以养殖户为主，根据理论和实证分析，分析影响动物性食品安全问题中养殖户行为决策的因素，从而提高动物性食品初始阶段的安全水平，降低危害。

第二，将动物性食品企业与养殖户相结合，构建相关动物养殖户与企业共同作用机制，有针对性地采取措施，具有现实意义。

第三，以消费者为辅，根据动物疫情对消费者的影响获得消费者的直观感受以及对食品安全的认知情况，从而提高食品安全链整改的覆盖率。

根据调研数据，将计量模型与演化博弈模型结合，对政府、养殖户、企业和消费者之间的决策行为进行分析，从而梳理出在我国动物性食品安全保障过程中存在的问题并提出相应的解决对策，对提高我国动物性食品的保障水平具有重要意义。

二、不足之处

第一，本书所涉及的疫区养殖户及消费者的样本有局限性，在反映我国重大动物疫情应急管理中养殖农户和消费者情况的多样性方面存在些许不足，研究结果可能仅对疫区的疫情应急样本更具有参考价值。

第二，本书问卷调查时期并非重大动物疫情发生时期，样本数据是基于调查对象对以往重大动物疫情暴发时的主观感受、经验、历史经历以及认识等回答问卷得到的。因此，调查结果可能与实际发生疫情时养殖户和消费者的风险认知及行为决策等情况存在一定差异。

| 第二章 |

相关概念界定与基础理论

第一节　相关概念界定

一、动物疫情

动物疫情是指疫病在动物中发生以及流行的情况，动物疫病种类繁多，包括合法捕获的动物、人工饲养的动物以及家畜家禽的疫病等。动物疫情的涉及面也较广，包括动物的养殖、屠宰、加工、贮存、运输、销售等活动。且动物疫情发生时，如果不加以预防和控制可能会造成巨大的经济损失，此外还可能对动物性食品安全、动物健康造成危害。

二、应急管理

（一）应急管理的含义

应急管理的含义要点包括以下四个。

（1）应急管理的对象是由自然、人为、技术风险或其他风险原因所导致的各类突发事件。

（2）应急管理的决策主体是政府、企业和其他行使管理职能的公共组织（如非政府组织、第三部门等），应急管理包含计划、组织、领导和控制这四大职能。政府和其他公共组织要注重培育忧患意识和居安思危的管理理念，以积极的态度和充分的准备应对各种突发事件。

（3）应急管理是贯穿于应急发展全过程的管理行为，是一种预防性与应急性相结合的公共关系。因此应急管理内容不仅包括常态下的危机减缓和应急准备，还包括非常态下的应急响应和救援处置，并延续到突发事件后的社会支持和恢复重建，它涵盖应急计划编制、风险管理、预测和预警、应急反应、指挥和决策、资源分配、救援和处置、评价和恢复、改善和重建等一系列环节。

（4）应急管理的核心要求是协调、联动、一体化，即在突发事件的应急管理中，以决策主体为中心，整合一切可利用的资源，统一协调各部门联合行动、相互沟通，对发生或可能发生的各类危险采取计划、组织、指挥、协调、控制等管理活动。

概括而言，理想状态下的应急管理应是一个覆盖面广、多元主体参与、分阶段、多层次的综合性管理过程，其管理重点在于：危机信息的预警与预测，危机的预防和准备，危机的应对与控制，危机后的复苏和重建，坚持不断学习、不断创新。

（二）重大动物疫情应急管理的特点

重大动物疫情应急管理除了具有突发公共事件应急管理的共同特征外，还具有自身的特点，具体体现在以下四个方面。

1. 复杂性

重大动物疫情具有易扩散、传染性强、潜伏期长、肉眼看不见、难以诊断和消灭的特点，因此重大动物疫情应急管理工作具有复杂性，不仅包括应急组织指挥、社会动员、调查评估、恢复重建等管理环节，还有疫情风险防范、监测预警、溯源确认、控制扑杀等业务环节，各个环节之间相互关联，对重大动物疫情进行应急管理不亚于指挥一场战役。

2. 防范性

重大动物疫情应急管理的主要思路是用主动防范代替被动应对，做好充分的准备以应对疫情的暴发，开展动物疫情的早期预警和预测，通过平时采取的预防措施消除疫情隐患，树立全民动物防疫意识，建立健全重大动物疫情应急管理体系，设置层层"屏障"和各种防火墙来有效控制可能发生的重大动物疫情，切实提高抵抗重大动物疫情的"免疫力"。

3. 政府主导性

一般情况下，重大动物疫情来势凶猛，会对社会产生强烈的冲击，仅由个人的力量无法与之相抗衡，因此重大动物疫情应急管理的主体只能是政府。同时大部分行政资源可由政府支配，当出现紧急情况时，没有一个非政府组织可以像政府这样能够有效指挥调度大量的人力物力资源，因此重大动物疫情应急管理只能以政府为主导。

4. 多方协作性

重大动物疫情应急管理是一种国家行为，又涉及国家、地区和行业等多方利益，因此建立一种分工合作机制是疫情防控的必然趋势。如财政部门负责资金预算、卫生部门负责医学监护、军警部门负责扑杀染疫禽畜等，同时还需要环保部门和林业部门对环保和野生动物保护的支持。所有企业组织和养殖业主采取统一措施将有利于疫情得到有效防控，因此重大动物疫情的控制和管理必须取得整个行业的支持。同时重大动物疫情应急管理需要大量的资金，如果缺少行业内的支持和投入，单纯靠政府资金是难以实现的。

三、传染病

《动物传染病防控技术》一书中提到传染病的概念，认为凡是由病原微生物引起，有一定的潜伏期和临床表现，并具有传染性的疾病统称为传染病。传染病虽然表现不同，但存在能与非传染病相区别的共同特征。

（1）传染病是由病原微生物与动物机体相互作用引起的。每种传染病都存在其特定的病原微生物。例如，口蹄疫是由口蹄疫病毒引起的，没有它就不会发生口蹄疫。

（2）传染病具有传染性和流行性。传染性是指从受感染的动物体内排出的致病性微生物，侵入另一易感健康动物体内，并引起相同临床症状的特征。这种疾病由患病动物传播到健康动物身上的现象，是区分传染病与非传染病的一个重要特征。流行性是指在一定条件下和一定时间内，某一地区易感动物群体有许多被感染，致使传染病传播蔓延，从而形成流行性特征。

（3）受感染动物的特异性反应和耐过后产生的特异性免疫。在传染病发展的过程中，由于病原微生物会产生抗原刺激性作用，机体产生特异性抗体或过敏反应等，这些反应和变化可以通过血清检测出来。而动物耐过某种传染病之后，一般情况下体内都可以产生对应的抗体，产生特异性免疫，这使动物本身很长一段时间内不会感染甚至永远不会再次感染这种传染病。

（4）有特征性的临床表现。一般情况下，传染病都具有潜伏期、特征性的临床表现以及病理变化和病程。

（5）有明显的流行规律。传染病在动物群体中流行时都具有一定的时限，许多传染病都表现出明显的季节性和周期性。

四、食品安全

首先，食品安全的概念在 1974 年联合国粮食大会初期就出现了，并在 20 世纪 90 年代正式确立。目前国际社会就食品安全问题已达成基本共识，明确指出食品的卫生、营养和安全等即为食品安全。其次，人们把食品安全概括为三个方面的安全，一是数量上的安全，即一个国家或地区能够保证当地人们食品所需数量的基本需要，保证人们能买到并能买得起生存所必需的食品；二是质量上的安全，即一个国家或地区要保证人们所需食品的无污染、无毒害、有营养并且卫生良好，以保证人们的身体健康；三是可持续安全，是指保证获取和处理食品的过程中良好的环境状况，并确保其资源的可持续利用。

五、动物性食品安全

笔者认为是食品安全重要的组成部分之一是动物性食品安全，动物性食品安全是指可食用的全部动物组织以及蛋奶类等都不能含有威胁或可能损害人体健康状况的物质和因素。主要分为四个方面：一是动物性食品不能包括对人体健康状况存在威胁的有害成分，即成分安全；二是动物性食品被人类食用后，不会影响或损害人体正常的生理机能或代谢功能，即功能安全；三是动物性食品不能携带致人发病的微生物、寄生虫或病毒，即免疫安全；四是动物性食品不能改变或影响人体正常基因和遗传功能特征，即遗传安全。

六、动物性食品安全管理体系

我国动物性食品安全的管理体系由三个方面组成。

（一）有完善的法律法规体系作为动物性食品安全管理的基石

首先，良好的立法规制不仅可以实现法律指导、评价、预测在动物食品安全管理中的规范作用，而且可以使人们得到正确的教育，调整和适当惩罚人们的违法违规行为；其次，还能充分展现政治职能和社会职能，达到调解并调整公共事务和社会关系的目的。

（二）有完善的制度体系作为动物性食品安全管理的支撑杆

动物性食品安全的法律法规关系到非常多的技术问题，动物性食品安全管理体系的不断完善才能为动物食品的安全、稳定、可持续发展提供有力支撑。

一是建立科学化、规范化的系统。科学化、标准化制度的建立，对引导动物性食品生产者和经营者的行为起着至关重要的作用。二是建立健全动物性食品质量认证体系。所谓动物性食品质量认证就是按照相关技术规范及其强制性要求或合格评定活动标准对产品、管理体系和包装进行认证。目前国内外食品有关质量安全认证标准如图 2－1 所示，基于人们对各类食品相关质量认证标准的不断认可，完善的认证指标的建立，能够在促进相关动物性食品生产者和加工销售者生产的产品达到标准的同时提高动物性食品质量安全的水平。三是建立完善的信息公示制度和检查监控制度。食品检测机构和相关部门针对特定的时间和区域内的食品指标进行检测和普查，例如兽药残留、有毒有害物质残留等问题；并且及时将检测结果进行公布，保证公示结果的及时性、完备性。

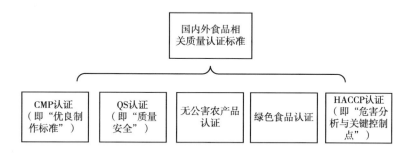

图 2－1 国内外食品相关质量认证标准

资料来源：根据公开资料整理所得。

（三）有完善的监督和执行体系作为动物性食品安全管理的保障

只有保证充分执行动物性食品安全相关的法律法规并发挥其作用，才能使动物性食品安全的管理得到基本保障。

一是国家根据"法律保留"和"法律优先"的原则，授予有关行政主体合法的执法权。二是执法主体依据"依法行政"的原则，在执法过程中严格遵循法定程序和所拥职权，及时检查并惩处食品生产者、加工经营者等的不法行为，在保证有效遏制违法犯罪行为的同时确保市场准入制度、问题食品追溯与召回等手段得到充分运用，避免问题食品流入市场。

第二节　基础理论

一、食品安全风险管理理论

风险管理主要是对质量检验部门可能出现的风险因素进行识别、考量、分析和评价，然后采取一些预防和控制措施，选择最科学的方式来消除风险，最大限度地保证食品质量。风险管理是质监中的重要组成部分，由风险识别、分析、应对等活动组成。总的来说，风险管理体系既满足了企业发展的需要，又对质监部门的食品安全检测起到了良好的促进作用，因此需要高度重视的。结合风险管理的原则，控制质监执法风险，是极为不错的方法。若是因相关行政人员不作为导致质监职能失效，可能对国家一级行政相对人的利益造成侵犯，因此，质量行政执法控制是为了控制风险，但质监行政执法具有一定的客观性、危害性和不确定性，因此，分析行政执法风险对质监部门具有一定的实用价值。

二、应急管理理论

不同组织或领域的学者及研究者对应急管理的内涵有不同界定，目前还没有一个普遍接受的观点。尽管如此，国内外很多学者们对应急管理的内涵进行了系统界定，总的来看，应急管理的概念有两层含义：一是阐述应急管理的目的和目标；二是解释应急管理行为准则和操作流程。应急管理体系包括应急预案、应急体制、机制、法制等。

应急管理有目标明确、公共利益、政府主导、社会参与、权力强制、决策风险、严格管理局限性等特征。在政治方面，应急管理可提高政府公信力和提升政府形象，加快实施应急管理责任制和绩效管理制度，提高公众的民主意识和公共意识。在经济方面，能避免或减少生命财产损失，促进经济发展规划实施，改善投资环境。在文化方面，能展现社会主义核心价值，进一步弘扬和锤炼民族精神，缓解社会矛盾和公众的抵触情绪。

应急管理的基本原则是以人为本，减少危害，居安思危，预防为先，统一领导，分级负责，依法监督，加强监管，快速响应，协调应对，依靠科技，提高素质。

三、信息不对称理论

信息不对称理论指的是在市场经济体系下，各经济主体在获得市场信息上是有差距的。往往交易双方较易获得相关信息的一方处于明显的信息优势地位，而信息贫乏的人在交易中往往处于劣势，对信息获取的不对称导致市场交易双方的利益不平衡，大大影响市场资源的优化配置。

动物性食品安全问题的根本原因在于信息不对称，主要体现在以下3个方面：政府与食品企业间的信息不对称、消费者与食品企业间的信息不对称、食品企业与养殖户间的信息不对称。动物性食品安全的信息不对称会导致食品企业的"逆向选择"行为，进而引发社会的"道德风险"。

四、动物疫病流行病学理论

动物疫病流行病学是指研究动物疫病在畜禽中发生、发展和分布的规律，并制定预治对策与措施的科学理论。动物疫病流行病学的主要研究内容分为 8 个部分：一是研究某一地区内各种疾病的种类、分布、流行情况；二是研究某种疫病在一定地区分布和流行情况；三是研究某种传染病在特定时间、地点、环境条件下的流行规律，从而有效预防和控制疫病的发生和流行；四是研究传染病的病因与发病机理，探索新的防控措施；五是研究某些病原的性质与功能，对诊断、检测和预防手段进行新的探索；六是研究某些疫病流行的外因；七是研究各种传播媒介（如野生动物、啮齿动物、节肢动物等）的分布、功能等；八是研究各种病原的功能性基团及免疫增强剂等，提高特异性免疫效应。对动物流行病的调查与分析，有利于查明一定地区各种疫病的种类、分布和流行规律，有利于阐明某种动物传染病在特定的时间、地点、环境条件下的流行规律，有利于对疫病的发生和流行进行有效地预防和控制，有利于考核综合性防疫措施执行情况，如检、隔、封、消、处等。

五、演化博弈理论

演化博弈理论源于生物进化论，以有限理性的博弈作为决策分析的框架，博弈群体在不断地探索、学习、适应和分析过程中找出均衡点，这一特点弥补了传统的博弈论中参与人假设的理性完全和信息完全的缺陷。林挺等（2016）通过食品生产商之间的演化博弈分析，得出了在政府治理惩罚力度不足的情况下，食品生产商之间会出现恶劣竞争，最终导致食品安全事件频发。此外，安丰东（2006）分析了信息不对称理论，并指出食品行业存在严重的信息不对称情况，这就使食品行业不同主体之间的信任缺失并进行博弈。而针对信息不对称情况，杨慧、李卫成（2019）在分析食品生产企业与消费者、监管者之间的关系时，提到了如何降低信息不对称性。陈刚、徐子才（2019）通过对动物性食品企业进行可追溯生产研究，提出政府在动物性食品企业中占有一定的影响因素，应该完善惩罚体系。

宋焕等（2017）分析了食品生产商和加工商的演化博弈模型，并确定了二者在信息共享中的稳定策略。费威、王俏荔（2016）通过对食品经销商与生产商的食品检验合格率进行分析，指出无论是对食品经销商还是第三方网络平台，都要加强对食品的抽检力度。穆罕默德·法鲁克等（Muhammad Farooque et al.，2019）认为循环食品供应链中存在的障碍主要是环境法规和执法不力以及缺乏供应链利益相关者参与。王永明、马丽（2018）通过对食品供应链中主体的质量投入以及他们与政府相关部门之间的联系进行研究，结果表明政府在整个食品供应链的干预程度上，对食品的质量投入影响很大，指出需明确惩罚和奖励制度。

综上可以看出，虽然有学者将演化博弈应用于食品质量安全的各种相关因素分析，并取得了一些有益的效果，但真正与动物源性食品质量安全投入的研究成果极少，与以往文献相比，本书的创新点体现在 3 个方面：一是以动物源性食品为基底，引入动物源性成本收益转化率系数，构建动物源性食品供应链中的动物养殖户和企业双方的博弈矩阵，分析成本收益转化率系数的变化对博弈双方动物源性食品质量安全投入以及均衡状态的影响；二是考虑到在动物源性食品的供应链中，动物养殖户和企业双方中任意一方的质量投入和双方同时质量投入对提高动物源性食品质量安全的程度存在区别，因此本书构建两个不同的成本收益转化率系数使模型切合实际；三是量化比较不同惩罚机制对系统均衡、演化稳定策略以及整个供应链成员质量安全投入的影响。

六、消费者选择行为理论

消费者行为理论是研究在商品价格已定、消费者的收入和爱好已定的条件下，消费者如何在市场上进行购买活动以获得最大的效用。消费者的选择行为理论主要分为两个部分。

一是满足消费者在不同需求商品间的选择。例如杯子 10 元 1 个，牛奶

2元1瓶。消费第1个、第2个、第3个杯子的效用分别为20、10、3。消费第1瓶、第2瓶、第3瓶、第4瓶牛奶的效用分别为7、5、2、1。总共要消费26元，消费者将如何选择？消费者将要购买2个杯子和3瓶牛奶，此时花光了所有的钱，实现了最大的效用44。这时，购买最后1个杯子花了10元，得到的效用为10。购买1个效用花费1元，消费者购买最后1瓶牛奶时花了2元，得到效用为2。最后的1元也得到了1个效用。无差异曲线是消费者在满足不同需要商品之间进行选择的工具之一。消费者若有两个不同需要的商品平面上，由消费者购买过程中认为无差异系列的点组合成的一条曲线，称为无差异曲线，当无差异曲线与预算线相切时，其切点便是满足消费者需求的最优点，如图 2-2 所示，c 点便是满足消费者需求的最优点。

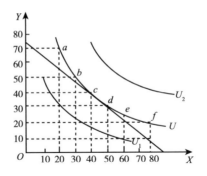

图 2-2   消费者购买两件不同商品的无差异曲线

图 2-2 中三条无差异曲线分别为 U_1、U、U_2。U_1 上所有的点对于消费者而言的效用是一样的，同理，U、U_1 上所有的点对于消费者而言的效用也是一样的。不过由图形可以看出，U_2 上的效用 > U 曲线上的效用 > U_1 上的效用。

二是消费者在满足相同需要的商品间选择。消费者在面对相同需要商品的选择时，这时消费者追求有用性和价格之比。比如，商品 A 的某营养物含量为 600 克/个，价格为 3 元/个，商品 B 的某营养物为 500 克/个，价格为 2 元/个。此时商品 A 的性价比为 200 克/元，小于商品 B 的性价比 250 克/元。

七、养殖户行为理论

（一）养殖成本理论

成本主要是指养殖户为了获得某种收益而必须为之付出的代价。

1. 基建成本

例如生猪散养户由于养殖数量较少，场地面积和基础设施的要求都较低，且所喂饲料也较为简单，以传统普通饲料或农副作物为主，大大减少了养殖成本，所以投入的资金较少。小规模生猪饲养户在饲养过程中能更好地控制生猪饲养的成本，而随着养殖规模的加大，养殖数量、场地面积、饲料量以及其他方面的要求都较高，且较大规模的养殖场需要雇佣工人，也会导致成本的增加，投入资金也会随之增长。

2. 饲料成本

饲料成本是养殖过程中较大的持续性投入成本，占整个生产过程中的 60%~70%。小猪场资金实力小，投靠代理商，但要承受各级代理商的层层加价。大猪场有议价能力，可以跟饲料厂直接合作，但要有充足的现金流。

3. 疾病风险成本

生猪疫病种类繁多，如常见的蓝耳病、口蹄疫、猪瘟等，疫病的发生威胁到养猪户甚至整个生猪养殖行业的利益，给整个生猪养殖业带来灾难。疫病的发生还会污染养殖场周遭的环境，尤其病死猪以及病患猪在处理的过程中，若处理不当，便会造成很大的环境污染，严重的甚至威胁人类的健康。例如 2018 年暴发的非洲猪瘟，北京首次出现非洲猪瘟的地区为房山区，生猪遭受非洲猪瘟的袭击，导致北京生猪存栏量降低，生猪利益一度处于亏损状态，严重影响了居民消费以及养殖户的利益。

4. 价格风险成本

以北京市养猪业价格风险中猪粮比分析，养猪业的盈亏平衡点一般是是6∶1的猪粮比，当猪粮比明显高于6∶1时，意味着生猪的饲料转化率高，使成本减少，从而提高生猪养殖的利润；反之，若是猪粮比小于6∶1，表示生猪的饲料转化率低，投入的饲料成本便会增加，造成利润上的亏损。由图2-3可以看出，2000—2017年北京市猪粮比的波动较大，但整体猪粮比还是高出6∶1。2000—2007年，北京市猪粮比波动较小，2001年6月和2006年5月，北京市猪粮比仅分别为4.52和4.56，生猪养殖处于深度的亏损状态，而在2001年1月、2002年2月和2005年2月，北京市猪粮比较高，分别为7.95、7.69和7.46，生猪养殖处于盈利状态。2007—2018年北京市猪粮比波动较大，综合分析来看，近8年来北京市猪粮比呈现缓慢上升趋势。

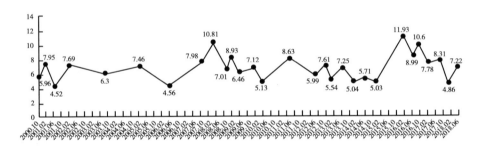

图2-3　2000—2018年北京市猪粮比走势

资料来源：由中国畜牧业信息网整理所得。

5. 管理风险成本

我国一些农村中，一般的养猪农户采用的是经验管理方式，散养户和小规模养猪户也是如此，所以相对不存在明显的高成本管理。而中等规模或大规模养殖户则涉及很多的专业知识，甚至大规模养殖企业由于产业链较长，从养殖管理到免疫防控再到食品加工，设有很多专业岗位，对专业人才的需求较为明显，存在明显的人才壁垒，对管理成本的需求也随之增大。成本不足的管理方式和管理力度，会给养殖户造成很大的管理风险，从而影响最后的养殖效益。

（二）收益理论

根据经济学理性经济人的假设，养殖户饲养畜禽的本质就是追求利润、创造价值。如果单从成本的角度看，养殖户面对突发性动物疫情，并没有采取疫情防控的动机。为了激励养殖户采取疫情防控措施，需要将农民采取疫情防控措施的积极性与采取疫情防控措施后所获得的效益相结合，寻找农民采取疫情防控措施的正当理由。

| 第三章 |

动物疫情突发时主要防疫措施

第一节　防疫工作基本内容

　　动物传染病是通过易感动物、传染源、传播途径 3 个主要因素相互作用、相互联系逐步推广流行的。所以切断或消除这 3 个因素的基本联系就是阻止动物疫病发生和流行的手段。在采取或制定动物防疫措施时，应针对不同动物传染病在流行环节上所表现的不同特点，科学谋划动物传染病的防控措施，争取在最短的时间内，以最少的人力、物力以及财力达到控制疫情的目的。动物疫病的防治措施主要分为两种。

一、平时的防疫措施

　　第一，贯彻自繁自养的原则，优化动物饲养管理流程，提高管理水平，规范日常卫生消毒工作，加强动物自身抵抗力。第二，定期对动物进行动物疫病疫苗接种工作。第三，严格执行日常杀虫、灭鼠、防鸟工作计划，及时无害化处理动物排泄物。第四，积极落实市场检疫、国境检疫、产地检疫、运输检疫、屠宰检疫等各层次、各方面的检验、检疫工作，能够及时有效地发现并防控动物疫病传染源。第五，当地兽医机构应调查、分析疫情分布，有计划地进行消灭和控制，组织相邻地区对动物传染病联防协作，并防止外来动物的侵入。

二、发生疫病时的扑灭措施

第一，及时发现、快速诊断和上报疫情，并及时彻底对污染的环境进行紧急消毒。第二，迅速隔离患病动物，及时通知临近地区做好动物疫病预防工作。若发生危害性大的疫情，合理地治疗口蹄疫、高致病性禽流感、炭疽等疫病。第三，按规章严格处理死亡动物和患病动物。

第二节　流行病学诊断

流行病学诊断经常与临床诊断联系在一起，这是针对患病动物群体的一种诊断方法。某些动物疫病的临床症状虽然极为相似，但其流行特点和规律迥然不同。例如，水疱病、口蹄疫、水疱性疹以及水疱性口炎等疾病，这几种动物疫病的临床症状极为相似，很难辨别，但是从流行病学的角度反而容易区分。有时对某些动物传染病甚至仅靠流行病学诊断即可判定疾病的大致范围，做出初步判断。因此运用流行病学诊断能够极大地完善动物传染病诊断工作流程。

流行病学诊断是在动物疫情调查的基础上进行的。动物疫情研究调查有多种流程、方法。如对现场进行仔细观察、检查，然后进行综合归纳、分析处理，或者以座谈方式向养殖户或相关知情人员询问疫情，做出初步诊断。按不同的动物疫病和要求制订流行病学调查的内容或提纲，并准确掌握下列有关问题。

一、疫病流行情况

疫病流行情况包括：①动物疫病发生的时间、地点、疫情分布及其传播情况；②疫区动物数量及分布情况，疾病类型、数量、年龄、性别、传播速度、病程等；③是否被诊断、采取的措施、有什么影响；④动物防疫情况、疫苗来源、免疫方法和剂量、接种数量等；⑤是否接受过免疫测试，接种过什么疫苗，动物种群的抗体水平如何；⑥没有变化或紧急因素，如饲养管理、饲料、药物、气候等；⑦找出它的死亡率、感染率和发病率。

二、疫情来源的调查

疫情来源的调查包括：①本地动物过去是否发生过类似的疫情，发生的时间和地点，流行情况如何，是否已得到证实，是否有历史数据，在何时以及采取了哪些措施进行预防和控制，以及它们的效果如何；②如果没有发生在本地，是否发生在附近；③疫情发生前，周边地区未发生疫情，是否有外来人员进入现场或区域进行参观、买卖活动；④是否有从当地进口的动物、动物产品或材料，出口地是否有类似疾病。

三、传播途径和方式的调查

传播途径和方式的调查包括：①当地动物饲养的各种方法和管理系统；②维修和放牧；③牲畜运输、采购、防疫和卫生；④交通检疫、市场检疫、屠宰检疫；⑤治疗病死动物；⑥哪些因素有助于疾病的传播以及疾病控制方面的经验；⑦疫区的地理、地形、河流、交通、气候、植被、野生动物、节肢动物的分布和活动，以及是否与疫情的发生、传播、蔓延有关。

四、该地区的政治、经济基本情况

该地区的政治、经济基本情况包括当地人民群众进行劳动生产的基本特点，畜牧兽医机构工作环境和工作水平的基本情况，社会各界对动物疫情防治的观点看法等。

综合本节所述，对动物疫情进行调研研究可以为拟订防治措施提供依据。

第三节　检　　疫

一、检疫的概念

检疫是指法定检疫机构通过各种方法对动物及其相关产品和物品进行疫病、病原体或抗体检查。消灭传染源、阻断传播途径、抑制疫病传播是检疫的主要目的。动物检疫是遵照国际和国家法律、运用强制性手段和科学技术方法预防和阻断动物疾病的发生或从一个地区向另一个地区传播的日常性工作。保障农、林、牧、渔业正常生产是动物检疫的主要目的，还有利于消除国际上重大疫情对我国养殖业的灾害性影响，促进农产品贸易的发展，保护人民身体健康，进一步推动人畜共患病的检疫，防止人畜共患病的传染源和病原体进入或移出本国和本地区，防止疫病的发生和传播。

二、检疫的相关法规

要制定有关动物检疫的规章制度，使检疫工作正常开展，发挥应有的作用。目前，动物检疫涉及的相关法律法规包括《中华人民共和国进出境动植物检疫法实施条例》《中华人民共和国动物防疫法》《中华人民共和国进境动物第一、二类传染病、寄生虫病名录》《中华人民共和国禁止携带、寄递进境的动植物及其产品和其他检疫物名录》等。各种法规都是为了预防和消灭动物传染病、寄生虫病，其中《中华人民共和国进出境动植物检疫法》对动植物检疫的目的、任务、制度、工作范围、工作方式及动植物检疫机关的设置和法律责任等做了明确的规定，是中国动植物检疫的一个重要法律。

三、检疫范围

检疫动物包括各种畜禽、毛皮动物、实验动物、观赏表演动物、蜜蜂、苗种、鱼苗、胚胎等；动物产品包括生皮、生毛、生肉、种蛋、鱼粉等。

四、检疫的分类

本书重点强调的是产地检疫和运输检疫。

（一）产地检疫

1. 产地检疫的概念

产地检疫是指动物及产品在离开饲养、生产地之前，由动物卫生监督机构派官方兽医所进行的到现场或指定地点实施的检疫。它是由动物卫生监督机构依照法定的条件和程序，对法定检疫对象进行认定和处理的行政许可行为，开展的质量是控制动物传染病的关键。

2. 产地检疫的组织

产地检疫的组织形式一般是到现场或指定地点实施检疫；检疫人员是

动物卫生监督机构指定的官方兽医，有时因工作需要，由指定的兽医专业人员协助官方兽医实施检疫；根据农业农村部制定的《反刍动物产地检疫规程》《马属动物产地检疫规程》《家禽产地检疫规程》《生猪产地检疫规程》《跨省调运种禽产地检疫规程》《跨省调运乳用种用动物产地检疫规程》等规定，选择动物产地检疫对象。

3. 产地检疫的程序

具体程序主要包括申报检疫、申报受理、查验资料及家畜标识、临床检查、实验室检测、检疫结果处理、建议记录。

4. 产地检疫的方法

临床检查是产地检疫的主要内容之一，再根据相应的规定开展实验室检测。

（二）运输检疫

运输检疫是指动物及其产品在运输前或运输中的检疫，分为铁路检疫和交通检疫。

1. 铁路检疫

铁路检疫是铁路部门对托运的动物及其产品（如生皮、生毛等）进行检验检疫，查验托运的动物及其产品的产地或市场签发的检疫证明是否属实，只有经检验检疫合格后才能托运。铁路检验检疫部门发现病畜及其制品的，托运人应当按照铁路检疫部门的处理意见及时处置病畜及其携带的车辆。如果当地没有铁路检疫部门，车站工作人员应按照国家动物检疫规定检查托运动物及其产品的原产地检疫证明，证明动物及其产品是健康的或来自非疫区。

2. 交通检疫

在物流运输各种动物及其制品（如生皮、生毛等），必须在装运前通过兽医检疫，检疫合格并出具检疫证书，方可准予授权装运。检疫站一般设置在动物频繁运输的火车站、码头等重要交通路线上，负责动物检疫工作。如果动物在运输过程中生病，应就地小心处理动物及其尸体。运送病畜的交通工具要彻底清洗消毒；运输动物到达目的地后，应做好检疫防疫工作，经观察判断无病后，方可与原健康动物混合。

第四节　消毒、隔离与封锁

一、消毒

（一）消毒的概念

在医学或兽医学中，消毒是利用物理、化学或生物学方法对传播媒介上的微生物，特别是对病原体进行杀灭或消除，已达到无害化要求。消毒是指达到无菌程度的灭菌；活体组织表面的消毒是抗菌的；防止无生命有机物腐败的消毒则是防腐。

（二）消毒的分类

消毒的目的就是消灭传染源散播在外界环境中的病原体，以切断传播途径，组织疫病继续蔓延。根据消毒目的将其分为 3 类。

1. 随时消毒

在传染源存在的场所，为及时消灭病原体而采取的随时的、多次的消毒措施。其目的是迅速杀死从传染源体内排出的病原体。消毒对象包括病畜所在的畜舍、隔离场所，以及被病畜的分泌物、粪便污染或者可能被污染的所有场所和用具、物品。通常情况下，在解除封锁之前，要进行多次定期消毒。患病动物隔离所每天应消毒两次以上。

2. 预防性消毒

对日常生产生活中可能被病原体污染的物体和场所进行消毒。通过定期对畜舍、场所、器具和饮用水进行消毒，并结合日常饲养管理，达到预防传染病的目的。

3. 终末消毒

在病畜解除隔离、恢复或死亡后，或在疫区封锁解除前，进行全面、彻底地大规模消毒，以清除疫区内可能残留的病原体。

二、隔离与封锁

（一）隔离的概念

隔离是指为了控制传染源，防止动物疫病的传播、扩散，将不同健康状态的动物严格地分离、隔开，完全、彻底地切断相互之间的接触。隔离分为两种，一种是引种隔离，引种时为避免由感染动物将病原引入新的地区或动物群体，造成疫病传播和流行，通常情况下对新引进的动物进行隔离观察；另一种是发病隔离，为防止动物传染病继续扩散传播，将患传染病动物或可疑惑感染动物隔离开，以便将疫情控制在最小范围内就地扑灭。

（二）封锁的概念

封锁是指切断或限制疫区周边地区的所有日常自由通行或往来，是为防止动物疫病传播和健康动物误入安全区而对疫区或其他动物采取的分区隔离、扑杀、销毁、消毒、应急免疫等强制措施。

第五节　免疫接种与药物预防

免疫是指用人工的方法将疫苗引入动物体内，刺激机体的特异性免疫，从易感动物变为不那么易感的动物。按接种时间分为预防性接种和紧急接种两种。

药物预防是指通过在动物饲料和饮用水中添加一定安全、低成本的药物，控制某些传染病和寄生虫，以预防群体疾病，使受到威胁和敏感的动物在一定时间内免受流行病的入侵、伤害，起到防止传染病发生、发展，促进家畜生长的作用。特别是目前还没有研制出理想疫苗的疾病，药物预防更具有实际意义。

一、免疫接种

（一）预防接种

为了有效预防动物疫病产生，防患于未然，在经常暴发动物传染病或有动物传染病潜在的地区，或经常受到邻近地区某些传染病威胁的地区，给健康动物有计划地按时免疫接种，称为预防接种。预防接种的生物制剂可统称为疫苗，包括菌苗、疫苗和类毒素。不同品种的生物制剂所要求的接种方法不同，接种方法分为皮下注射、皮内注射、肌内注射或皮肤刺种、点眼、滴鼻、喷雾、口服等方法。接种后经一定时间（数天至3周），可获得数月至一年或一年以上的免疫力。

（二）紧急接种

紧急接种是指动物疫情发生时，为控制动物疫情而对疫区或易传染区的健康动物进行计划外的应急性动物疫苗接种。除贵重动物外，普通动物紧急接种的生物制品往往是疫（菌）苗而不是血清。在疫区开展动物疫苗紧急接种时，还必须对所有易传染动物分别进行详细观察和检查，及时对动物健康状况作出判断。迅速对健康的动物接种动物疫苗，而对患病动物及可能已感染的动物必须尽快隔离并加强消毒，不能再接种疫苗。若健康动物中混有潜伏感染动物，患病动物在疫苗接种之后反而会促使它们更快发病，所以在紧急接种后发病动物的数量会出现暂时性的增长，不过由于这些急性传染病的潜伏期较短，而紧急接种的大多数动物很快就能产生抵抗力，发病率不久即可下降，最终很快控制疫情。

二、药物预防

药物预防主要需要注意 5 个方面：一是科学选择药物，预防用药一般利用药物敏感实验选用药物，药物应是具有副作用小、价廉易得、不易形成药物残留的药物；二是合理地联合用药，联合用药可以更好地发挥药物的协同作用，扩大抗菌范围提高疗效，降低药物副作用，减缓或抑制细菌耐药性的产生；三是严格掌握药物剂量和用法，预防用药剂量、用法应以药物生产商推荐的方法和依据，特殊情况下可以灵活变动；四是掌握好用药时间间隔和时机，如发生疫情时可根据适当增加用药时间或疗程，做到定期用药，在无疫情流行的情况下，只需使用少量的预防药物即可，当环境变化、交通运输或免疫接种一些疫苗，需预防动物应激而诱发动物疫病，可随时或提前 1 天给予药物预防；五是注意休药期，因许多药物在应用后，肉蛋奶中有残留物，对人类健康形成直接或潜在威胁，故药物预防必须严格遵守休药期的有关规定。

| 第四章 |

动物疫病防治对动物性食品安全的影响

第一节　动物检验检疫对食品安全的重要影响

一、有效预防动物疫病，增加养殖收益

畜牧业的主要风险是动物疾病，而动物疾病的问题往往发生的比较迅速且传染性强。如果在短时间内不能取得重大防治效果，则会严重损害养殖户的经济利益。动物疫情一直以来都是阻碍和困扰养殖业发展的一个不利因素。因此，采用动物检验检疫的方法，可以有效地防止动物疾病的出现与流行，从而更有利于保障养殖户的经济效益。检验检疫工作涉及整个养殖业在饲养、生产、输出的全过程，全面的防疫检查环节中可以及时发现动物疾病，早期检测、早期干预、早期治疗，不仅能遏制动物疾病的传播，还能有效避免问题产品进入市场，影响消费者健康。

二、有效提高动物性食品质量安全水平

目前市场上的肉制品非常丰富，除了半成品，还有加工成品、生食、熟食，不同类型的肉制品大大满足了不同群体消费者的需求。然而近年

来，食品安全问题在各路媒体报道中都很常见，一些食品安全问题造成了较为严重的社会影响。因此，食品安全要从多角度综合控制，动物检验检疫是有效预防动物食品安全问题发生的重要措施，它对食品安全有着显而易见且深远的影响，检验检疫不仅能加强动物养殖过程中的安全控制，还具有积极促进食品生产加工业发展的作用，目前我国已经形成一套常态化的动物检验检疫机制，从生产源头上有效保证了动物安全食品的质量。

三、有效提升群众对防疫监督工作的支持力度

开展动物检验检疫工作除了监管养殖企业，同时还针对动物性产品加工的一整套环节，包括养殖、屠宰、加工、生产、运输和销售等，包含对养殖场、屠宰场、食品加工厂、运输公司及销售终端仓库等场所的检验检疫，各部门的共同参与才能将动物检验检疫工作有序展开，同时也可以使检验检疫工作透明化，接受社会群众的广泛监督。社会群众广泛的参与和监督不仅使动物检验检疫工作的过程得到了关注与关切，同时也是对该工作最有力的支持。

第二节　动物产地检疫对动物产品安全的重要影响

动物产地检疫主要目的在于保障养殖业以及动物性食品安全，在此基础上有序、高效地开展动物产地检疫工作，以便于及时发现患病畜禽，并采取强制有效的防治措施来阻止病原的进一步传播核和扩散，并且及时根据动物疾病发生以及传播特点制订对应的阻断、防控计划，快速有效预防患病动物产品流入市场进而接触消费者，从而有力地保证消费者在动物产品食用上的安全，并在一定程度上保障养殖业稳定发展的同时，促使其与环境公共卫生事业向着健康、绿色的方向发展。动物产地检疫对保障动物性食品安全的作用具体体现在以下 3 个方面。

一、严格把守市场门槛

对动物及动物产品检疫的目的是查明其是否携带寄生虫病、传染病等，通过对不同物品的相关检疫手段、流程可以判断出畜禽或其产品是否健康、合格，只有通过检疫标准的动物或动物产品才能流入市场，才能为消费者安全购买畜禽或食用动物产品提供有力的保障。

二、有效阻止疫情扩散

动物卫生监督部门在实施动物产地检疫工作中，根据动物检疫标准对进行申报的动物或动物产品采取现场检疫的方式，现场检疫的方式可以发现病畜，并对病畜采取科学防护措施隔离、消毒、扑杀，这种检疫手段可有效防止动物疫情进一步扩散至严重化，疫情被迅速控制在最小范围内，为养殖业的健康平稳发展创造条件，同时提高动物性食品质量安全水平。

三、加强疾病防疫质量

在对出栏动物的检疫过程中，动物检疫的原产地检疫人员主要以临床检查、免疫耳标和免疫档案为依据诊断动物或动物产品是否符合安全标准时，如果动物免疫有效期和临床检查为合格，需要出具所签发原产地检疫证书，利用这种方法可以查出没有被免疫的动物，防止这种未经免疫的动物或动物产品的销售，这种方法在一定程度上可以提高防疫质量。

第三节　屠宰检疫对食品安全的重要影响

一、完善屠宰设施，优化管理制度

屠宰前必须全面清洗动物，这要求屠宰场必须有序地进行管理，以确保内部足够清洁和卫生。因此，建立优质屠宰场，并对其管理体系进行完善是非常必要的。具体实施要求是屠宰场管理人员根据实际情况增加适当的配套设施，确保屠宰场的健康发展。同时，提升屠宰场的管理水平，防止发生屠宰场内部脏乱和不良现象，从而导致动物产品在保存过程中滋生细菌。

二、提供科学有效的检疫及处理设备

为提高屠宰动物的检疫质量，检疫管理人员在进行检疫工作中应当配备科学的检疫设备，提高检疫工作的技术水平。同时配备无公害、无污染的处理设施和设备，保证在疾病监测过程中发现的患病动物或不合格产品能及时进行科学处理，从而有效防止疾病的传播和扩散。此外，进入市场流通环节前，动物产品必须出具"检疫合格证明"，以及政府有关机构出具的登记号，如果不具备上述相关证明，不允许上市。

三、全面检查待屠宰动物是否患病

动物进入屠宰机构前，饲养者必须主动到当地检疫机关检疫申报，严格按照申报要求填写检疫申报单，经检疫机关查验确定方可进行疫病的检查工作。检疫机关有特殊原因不能及时确定时，应当向饲养人员说明具体原因。检疫机关进行全面检验时，必须要求饲养员出具检疫证明和检验报告，保证待屠宰动物符合屠宰要求，才能进入屠宰机构进行屠宰。

四、屠宰后继续对动物进行疫病检测

为了防止检验检疫过程中出现疏漏及偏差，检疫人员必须在动物屠宰后进行仔细检测，并及时查明上个阶段中遗漏的问题。在实际检疫过程中，可能存在部分动物疫病表现不明显，以及检疫人员对检查工作细节疏忽等导致患病动物没有被及时检查出来的情况。因此屠宰后，必须继续进行疾病检测工作，且在此检测环节中，检疫人员必须对动物内脏、皮部、肉部进行标识，按工序检测，发现异常动物产品必须及时处理，若无问题应加盖印章并签发检疫安全证。

第五章

我国动物性食品质量安全管理现状分析

第一节　我国动物疫情防控现状

　　本节主要介绍我国动物疫情防控的现状。动物疫情的发生及处理手段对动物性食品质量安全的影响巨大，动物疫情发生后，若养殖户对病死畜禽处理不规范、违法售卖以及相关部门监管不严格，容易导致有害畜禽产品流入市场，对消费者的身体健康产生危害。因此掌握目前我国动物疫情发生规律的情况、疫情期间监管制度落实情况、防控免疫效果情况以及疫苗质量保障情况，对预防动物疫情的发生具有重要作用。

一、动物疫情发生规律情况

　　不同季节，各种动物疾病的发生概率也不同。温度与动物疫病发生的规律息息相关。通常，冬季是动物疫病发生的低谷期，而夏季是动物疫病发生的高峰期。夏季发病率高出冬季至少 1 倍。例如，春季和夏季的温度高于秋季和冬季，对于饲料的长期储存产生不利的影响，动物消化道疾病的发生相对较高。根据疾病发生的规律进行防控，便可以有效地减少疫情的发生。

根据《中华人民共和国动物防疫法》对我国动物防疫分类管理制度的
实施，农业农村部通过新版《一、二、三类动物疫病病种名录》（2008 年
修订）对目前依法管理的动物流行病进行了分类。一类动物流行病共有 17
种，其中包括猪瘟、鸡新城疫、口蹄疫等；二类动物疾病共有 77 种，其中
兔病 4 种、家禽病 18 种、猪病 12 种、牛/羊/马病共 15 种、多种动物共患
病共有 9 种等；此外，共有 63 种三类动物流行病。2017—2019 年我国重
大动物疫情发生情况如表 5 - 1 所示。

表 5 - 1　　　　2017—2019 年我国重大动物疫情发生情况　　　单位：只/头

疫病种类	2017 年			2018 年			2019 年		
	发病数	死亡数	捕杀数	发病数	死亡数	捕杀数	发病数	死亡数	捕杀数
口蹄疫	657	292	2 517	1 080	1 521	5 814	54	35	336
非洲猪瘟	0	0	0	8 127	5 706	804 250	12 192	8 103	280 881
绵阳和山羊痘	1 695	366	17	2 605	357	310	3 155	401	177
猪瘟	903	608	42	2 277	8 299	3 669	101	50	179
禽流感	148 269	88 132	453 866	64 239	53 732	204 936	1 472	1 472	901 177
新城疫	1 023	565	—	17 327	7 584	14 036	5 142	2 353	1 745
猪囊虫病	19	1	0	4	—	4	7	0	6
炭疽	60	54	34	190	132	1 133	38	35	252
禽霍乱	59 614	289 200	299	85 153	27 161	23 020	28 342	10 360	4 814
狂犬病	120	101	9	12	3	70	7	4	2
鸭瘟	11 873	8 116	0	3 451	1 869	1 467	2 320	1 745	364
猪丹毒	10 426	2 353	25	10 075	3 240	1 918	3 022	855	445
猪肺疫	17 603	3 611	51	13 670	3 333	2 418	10 572	3 972	1 707
布鲁氏杆菌病	30 021	117	1 250	26 043	128	24 473	16 158	68	17 586

资料来源：根据《兽医公报》整理所得。

根据《兽医公报》，对国内疫病发生较多的 16 种疫病进行整理。得出
以下特点：

（一）新的重大动物疫情暴发，破坏性较强

2018 年 8 月非洲猪瘟在中国暴发，具有发病率高、死亡率高、潜伏期

短、传染性强等特点，一般发病到死亡 7 天左右，出现症状后 2 天死亡，感染性强。从 2018 年 8 月至 2020 年 4 月我国非洲猪瘟发病数 21 175 只，共死亡 14 500 只，捕杀 1 087 022 只。非洲猪瘟暴发范围较广，主要暴发地区为内蒙古、辽宁、黑龙江、山西、福建、安徽、北京、江苏、四川、广西、湖南、天津、贵州等。

（二）重大动物疫情得到遏制，但仍然存在复发现象

我国通过各种防疫措施和免疫措施，将危害我国畜牧业发展的重大疫情，比如新城疫、口蹄疫、猪瘟等得以控制，发病明显下降。如从 2017 年口蹄疫 657 只，下降到 2019 年 54 只。此外，由于我国主要采取的是强制性免疫，再加上有些传染病持续发生变异，从而加大疫病防控工作难度，且部分区域复发现象仍然存在，如禽流感发生数次变异，2017—2020 年在湖南、安徽、贵州、湖北、辽宁、江苏、云南等地区暴发 H7N9、H5N1、H5N6 类型禽流感。

（三）人畜共患病仍然时有发生，加重公共卫生危害

炭疽、狂犬病和布鲁氏菌病是三种主要具有直接传播性的人畜共患病。从表 5-1 中数据可看出，2017—2019 年狂犬病和炭疽持续出现，但因其发病数量整体偏小，从而并未给养殖行业带来严重的经济损失。布鲁氏菌病在 2017—2019 年发病情况略有下降，但总体情况不容乐观，2017 年发病数在 30 021 头（或只），2018 年发病数量 26 043 头（或只），2019 年发病数在 16 158 头（或只）。由于各项公共卫生防控措施的制订、完善和落实需要一个过程，因此短时间人畜共患病难以彻底消除，公共卫生威胁持续存在。

二、监管制度落实情况

近年来，在农业农村部的正确领导下，各省（区、市）、各级单位认

真履职，重大动物疫病防控、动物卫生监督、畜牧技术推广、畜禽废弃物资源化利用等各项工作扎实、有序开展。具体表现为坚持以"预防为主"，在此基础上认真落实动物疫情监管制度，坚持并完善强制免疫制度、消毒制度、动物检疫申报制度、动物疫情观察隔离制度、动物疫情上报制度。

以天门市和彭阳县古城镇为例。截至 2019 年 11 月末，天门市总共实行产地检验生猪 94.6 万头、家禽 1 752 万羽、牛羊 3.86 万；总共检验检疫屠宰 2.69 万头牛羊，11.35 万头生猪；审核办理 6 份"种畜禽生产经营许可证"，37 份"动物防疫条件合格证"；立案查处各类违法案件 10 起，现已全部结案归档；共开展 11 次瘦肉精、投入品等违禁物抽检抽查专项行动，抽样 15 486 批次，无害化处理 67 339 头病死生猪。2019 年彭阳县古城镇共存栏猪 1 818 头、牛 19 667 头、羊 30 186 只、禽类 63 048 只，按照县防治重大动物疫病指挥部要求，古城镇秋防工作从 2019 年 9 月全面开始，到 2019 年 10 月 16 日全面完成免疫任务，共免疫牛 17 315 头、羊 26 506 只、禽 63 048 只、猪 1 818 头，并进行自查，采血送检免疫抗体，综合评价免疫效果。对猪瘟、小反刍兽疫、口蹄疫、高致病性禽流感、鸡新城疫等重大动物疫病的易感动物进行全面免疫接种，并按照要求，牲畜口蹄疫等高致病性禽流感群体应免密度要达到 100%，免疫抗体达到 70% 以上；猪瘟、鸡新城疫等疫病应免密度要达到 100% 以上，免疫抗体达到 70% 以上；免疫后的牲畜免疫档案建档率、免疫耳标佩带率要求达到 100%。

三、防控免疫效果情况

2019 年 12 月 31 日，为贯彻落实《国家中长期动物疫病防治规划（2012—2020 年）》，扎实推进 2020 年全国动物疫病强制免疫工作，农业农村部根据《中华人民共和国动物防疫法》等法律法规，制定了《2020 年国家动物疫病强制免疫计划》，要求各地区各级畜牧兽医部门必须组织开展强制动物免疫计划，并组织各级合理部署、保存和监管使用强制免疫疫苗。国家相关兽医参考实验室，各级动物疫病防控机构负责对强制免疫疫苗的使用情况进行标准评估。各级地方动物卫生监督机构负责监督强制农场（家庭）强制免疫义务的履行情况。免疫动物病种包括布鲁氏菌病、小反刍动物疾病、包虫病、口蹄疫、高致病性禽流感，具体实施情况如表5-2所示。

表 5-2　　　　　　　　2020 年我国动物疫病强制免疫要求

免疫病种	免疫动物种类	免疫种类
高致病性禽流感	全国所有鸡、鸭、鹅、鹌鹑等人工饲养的禽类	H5 亚型和 H7 亚型
口蹄疫	全国所有猪、牛、羊、骆驼、鹿	O 型口蹄疫免疫
	全国所有奶牛和种公牛	A 型口蹄疫
小反刍兽疫	全国所有羊	—
布鲁氏菌病	除种畜外的牛羊	
包虫病	种羊	程序化免疫
	新生羔羊、补栏羊	—
猪瘟、高致病性猪蓝耳病	全国所有猪	

资料来源：根据公开资料整理所得。

2020 年我国动物疫病强制免疫要求布鲁氏菌病、小反刍动物疾病、包虫病、口蹄疫、高致病性禽流感等群体免疫密度必须常年保持在 90% 以上，其中要求畜禽免疫密度达到 100%。小反刍兽疫、口蹄疫和高致病性禽流感免疫抗体合格率应常年保持在 70% 以上。以长春市为例，2020 年长春市动物疫病预防控制中心实验室顺利完成了全市上半年免疫效果评估及重大动物疫病病原学监测工作。全市共采集 14 个县市区 81 个场户，血清学样品 2 340 份，病原学样品 950 份，春防免疫效果评估工作共完成 120 个任务书、10 664 项次的监测任务。

四、疫苗质量保障情况

国家药品监督管理总局和国家卫生健康委员会办公厅联合印发了《关

于做好疫苗信息化追溯体系建设工作的通知》，要求积极推进构建包括疫苗生产、流通、接种全过程的信息化追溯系统。实现疫苗全过程可追溯，做到源头可追溯、目的地可追溯、责任可追究，提高疫苗监督工作的效率和水平，保证疫苗的质量和安全。目前，疫苗信息化追溯系统构建所需的所有标准均已出台，并实施了《疫苗追溯数据交换基本技术要求》《药品信息化追溯体系建设导则》《药品追溯系统基本技术要求》《药品追溯码编码要求》《疫苗追溯基本数据集》5 个标准。

其中，《药品追溯系统基本技术要求》《药品追溯码编码要求》《药品信息化追溯体系建设导则》是 3 个基础通用标准，《疫苗追溯数据交换基本技术要求》《疫苗追溯基本数据集》2 个标准对疫苗追溯参与方提出了追溯信息的采集、存储、传输和交换的具体技术要求。

但目前我国动物疫苗仍存在很多的问题。

（一）动物疫苗的运输和储存达不到标准化

在一些地区，用于运输和储存的设备没有得到严格的消毒，温度也没有得到严格控制，这直接导致疫苗失效或疫苗效价下降。即使按照科学的免疫程序进行了疫苗的注射，可能也起不到预防疾病的作用，这会直接导致动物疫病的发生。

（二）动物免疫程序制定不科学

基层兽医工作者稀缺，一些养殖场没有兽医，无法依据季节和疾病阶段制订科学的免疫时间计划。还有一些基层兽医在接种疫苗之前不仔细阅读指示，根据自己的经验直接为动物接种疫苗，这也会导致疫苗注射后免疫效果不理想。

（三）疫苗接收和分发记录不完整

疫苗一般由基层兽医工作站分发，然而在许多地区，疫苗的接收和分发不完整，甚至没有记录，因此无法了解该地区的免疫状况，如果有问题也没有办法追溯到疫苗生产厂家等，存在一定的隐患。

五、饲料质量安全现状

随着畜牧业产业的发展，饲料安全问题不仅涉及在饲料中添加禁用的添加剂，而且还涉及整个社会发展系统的饲料安全问题。饲料是动物食物，而动物产品（如肉、鸡蛋、牛奶等）是人类食物。因此，饲料是人类的间接食物，其质量与人类健康密切相关。近年来，随着中国政府对饲料业的严格控制和对饲料制造商的监管，饲料加工企业以身作则，上述问题正在逐渐改善。然而，我国的饲料生产仍然存在许多问题，不能忽视。

（一）饲料与动物性食品安全的关系

动物饲料的安全与动物产品的安全密切相关。如果动物饲料的安全有问题，动物产品的安全将得不到保证。在人类发展史上，有许多类似的例子，例如肉骨粉和疯牛病。牛海绵状脑病被描述为疯牛病，其症状有些像羊瘙痒病，因为牛身上的进行性中枢神经系统发生了病变。发生这种病的原因是喂给了牛含有患瘙痒病的羊制成的肉骨粉，而这一肉食和骨头含有一种非常特殊的病原体——疯牛病因子。它既不是细菌，也不是病毒，而是一种异常的蛋白质，因此普通的预防和治疗措施不会控制疯牛病。人类吃了被疯牛病病原体污染的食物后，也可能通过消化系统感染，在严重情况下可能致命。

（二）影响饲料安全的因素

1. 自然因素

自然因素对饲料安全产生重要影响，因为许多养殖户对饲料安全没有科学的认识，缺乏适当的教育和培训，私自收集饲料的现象时有发生。比如碱、肥皂等材料都是有毒性的物质，这些成分分布在自然界的植物中，它们无意中会与安全的饲料混合，有毒物质可以抑制动物的蛋白质酶，并对动物产生强烈的副作用。虽然动物食用后并不会造成死亡等严重后果，但它会抑制动物的发育，导致其食欲减退、体重下降等，食用动物后，有毒物质可能最终被人体吸收，并对人体产生一定程度的毒性。

2. 生物污染因素

畜牧业中的饲料需要从生产和加工到投放喂养的多种程序和环节，生产、运输、储存和监护都需要科学的方法。例如，在存储环节中有时会出现发霉变质，在潮湿环境中也容易产生大量的细菌和霉变，微生物和各种菌体都容易大量繁殖滋生，在初始阶段，这些饲料可能不会发生很大变化，也不容易找到。然而，一旦添加到牲畜食品中，它不仅会减缓牲畜的生长速度，而且还会引起不同的疾病，并对随后的畜牧业产品产生特定的影响。

3. 化学污染因素

化学污染已成为当前畜牧业中新出现的一个关键问题。目前，大规模的农业生产和畜牧业需要使用各种农药和化肥。此外，工业领域的发展也造成环境污染。饲料的生产和加工都离不开机械化的操作流程，生产原料可能含有更多的重金属和有机污染物。在饲料处理过程中，化学品污染物很难处置，也很难发现，给养殖户造成重大问题。化学品污染物可能潜伏在许多生物体内，并在生态系统中形成死循环，对牲畜和家禽造成极大的伤害，带来不可逆转的经济损失，对人类造成十分严重的后果。

4. 影响违禁和非法产品的因素

例如，使用违禁品或非法产品，目的是提高牲畜的生长速度，或使用"瘦肉精"类药品来增加瘦肉的生产，这种非法行为不仅会导致牲畜的健康和发育恶化，而且会严重影响人的健康，长期食用可能导致肾功能衰竭和免疫系统衰竭等严重情况。

第二节　重大的动物疫情应急管理分析

一、我国动物疫情应急管理发展历程

自 2003 年以来，我国许多地区发生了多起由重大动物疾病引起的灾难性公共卫生事件，这也揭示了国家在应对非传统紧急情况方面还存在薄弱环节，并凸显了国家和社会对高效应急管理的迫切需求。与此同时，在中央政府的极大关注、领导和监督下，我国的应急管理系统已进入如何预防危机、对危机作出反应并将危机转变为契机的应急管理体系建设，也进入了一个快速发展的轨道。经过多年的艰苦努力，中国逐步形成了以"一案三制"（应急预案，应急管理体制、机制和法制）为核心内容的应急管理体系。

（一）形成预案体系

目前，我国制定了一项全面、系统的应急计划，应对从国家到基层政府的重大动物流行病。根据各负责实体的数据，我国主要动物流行病应急管理计划系统有 5 个层次（如图 5 - 1 所示），包括国家总体预案、专项应急预案、部门应急预案、地方应急预案、重大活动单项预案。

（二）制定相关法律

应急管理的法律制度是开展应急管理工作的重要基础，在"一案三制"中发挥着关键作用。其主要任务是明确公共紧急情况下政府和公民的权利和义务，特别是根据法律规范制定紧急情况下政府的特别行政程序，以便在紧急情况下实现国家的特别法治，有效维护国家的公共利益和公民的基本权益。

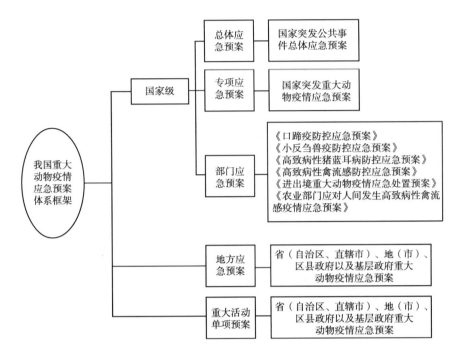

图 5－1　我国重大动物疫情应急预案体系框架

（三）构建管理体制

我国重大动物疫情的应急管理系统由 5 个系统组成，即指挥调度系统、处置实施系统、资源保障系统、信息管理系统和决策支持系统。

（1）指挥和调度系统是管理重大动物疫情紧急情况的指挥和决策中心的核心，包括决策、为各种支持系统颁发指示或许可证以及协调有关机构的职能和程序。

（2）处置实施系统是根据指挥系统的指示和具体行动，包括启动预案、处置疫情、善后管理以及同步向其他系统反馈处置信息等。

（3）资源保障系统确保人力和物力资源能够负责保障系统应急管理进程，强调资源的供应调配、评估补充、物流运输和动态管理。

（4）信息管理系统是整个系统的信息交流平台。它通过各种手段对重大动物疫情发生进行全方位监视，同时收集、管理和发布信息，做到及时收集、实时监测、预警和预报，在保证疫情信息在系统内畅通、安全传递的基础上，实现整个系统的整体联动和高效反应。

（5）决策辅助系统依据"信息管理系统"所提供的信息进行预先评估和甄选计划，对划拨资源的优化进行规划，预警、分析系统中的主要问题，并提出对策和解决办法，为"指挥调度系统"提供管理、技术和方案等方面的支持。

（四）建立运行机制

重大动物疫情应急管理运行机制指的是在应对重大动物疫情后高效运作的全球机制系统。应急管理和运作重大动物疫情的机制包括应急准备、监测和报告、应急反应、恢复和重建等，这些与重大动物疫情发展的整个周期相一致。

（1）应急准备机制是应急管理的重要组成部分，包括心理准备、组织准备、体制准备（包括应急计划、法律和组织准备）和资源开发（包括资金、材料、基础设施和技术准备）。

（2）监测报告机制是应急管理前的阶段，包括监测分析、流行病学分析、风险评估、疫情报告与认定、疫情公布与通报。

（3）应急反应机制是应急管理的实战环节，包括启动预案、划定区域、封锁疫区、现场处置、解除封锁。

（4）恢复与重建机制是疫情控制扑灭后的消除影响和恢复秩序的工作，包括损失评估补偿、生产恢复、心理干预、奖励问责和总结经验教训等工作。

（五）取得实践成绩

1. 应急指挥组织的初步成立

2004年高致病性禽流感暴发后，国务院迅速建立了高传染性禽流感防控指挥部，制定了"部际联席会议制"，并在同年成立了一个血吸虫病防治工作领导小组。2005 年 11 月，国务院颁布了《重大动物疫情应急条例》，要求各级基层政府为重大动物疫情制定出应急计划，根据"政府统一领导、分工和责任、地区管理"的原则，组建应急指挥中心和应急后备队。随后，农业部迅速建立了国家重大动物疫情应急指挥中心，并成立了农业部应急预备队，由 130 名专家组成；各省、市和县政府设立了类似的指挥机构和应急后备队，与作为地区指挥组织负责人的地方政府领导人（包括北京、天津、河北、山东、湖北、福建和其他 10 个省）一道，设立了特别总部，并实施了 24 小时运作系统。

2. 扩大专业人才团队

自 2005 年以来，中央和地方政府逐步实施了《国务院关于推进兽医管理体制改革的若干意见》的建设要求，重点是建立和改进兽医管理制度，有效加强基层动物防疫机构建设两大并轨工作项目。在国家层面上，国家设立了首席兽医官，农业部专门成立兽医局，具体负责全国兽医行政管理事务，组建了 3 个国家级中心，即中国动物疫病预防控制中心（CADC）、中国动物卫生与流行病中心（CAHEC）和中国兽医药品监察所（CVDC）。全国各地的所有省、地（市）、区县按照原则建立了三个兽医管理、动物卫生监督和动物疾病预防和控制的业务机构，同时在城镇建立了兽医站，推行了村级动物防疫员制度，目前此项改革正在向纵深推进。与此同时，农业部启动了官方兽医确认工作，定期开展全国职业兽医资格考试，健全完善基层兽医队伍，并不断加强兽医小组的能力建设。目前，全国"上下协调、制度完善、职责明确、运转高效"的动物疫病防疫监督组织体系已经基本形成，在应对突发重大动物疫情时，充分发挥这支队伍的作用，为动物防疫监督及重大动物疫情应急管理提供坚强的组织保障。

3. 基础设施的建设得到改善

自 1998 年以来，国家连续完成了动物保护工程项目的第一阶段和第二阶段，投资总额达 52.1 亿元，用于加强中央和地方动物流行病监测和预警系统的基础设施建设。经过多年的艰苦努力，我国逐步改进了"乡—县—

市—省—国家"的五级动物疫情逐级报告系统。与此同时，全国各地建立了 304 个国家动物流行病监测站和 146 个边境动物疫情监测站。动物疾病监测和报告网络以合理的设计、明确的等级、相互合作、充分的功能和有效的运作，为政府决策提供流行病数据等良好支持，增强了对重大动物疫病的快速预防、监测、控制和扑灭的综合能力。关于科学研究机构的建设，包括中国农业科学院中央兽医研究机构及其五个研究机构（哈尔滨兽医研究所、兰州兽医研究所、上海兽医研究所、北京兽医研究所和吉林特产研究所），教育部所属的中国农业大学、南京农业大学、华中农业大学等大学的兽医院或动物医学院实验室，军事医学科学院所属的长春军事兽医研究所以及农业部所属的 3 个国家级中心。在省级，几乎每个省（区、市）都有农业科学院的兽医研究所、农业大学或综合大学的兽医相关院系；一些市属大专院校和科研机构也都设有相关实验室。与此同时，在中央级机构中，有禽流感、口蹄疫、牛海绵状脑等 3 个国家兽医参考实验室以及新城疫、猪瘟、牛瘟和牛传染性胸膜肺炎等 4 个国家兽医诊断实验室，其中禽流感和口蹄疫参考实验室同时也是世界动物卫生组织（OIE）参考实验室。此外国家还建成了国家动物疫病诊断液制备中心、动物防疫疫苗抗原储备库、国家动物血清库等多个防控基础物质支撑中心和储藏库。

4. 应急机制正在逐步改进

（1）外来动物疫病风险防范。我国建立了国际动物流行病监测系统，定期分析国际流行病状况，实施流行病风险评估机制，并及时发布风险动物及其产品进口禁令和解禁令。

（2）实验室安全管理。兽医实验室是一个重要的感染场所，严格监测实验室病原体是防止疫情蔓延的重要手段。国务院发布了《病原微生物实验室生物安全管理条例》，农业农村部发布了相关的行政程序，这些程序对于防止实验室病原体泄漏至关重要。

（3）检疫控制。检疫监督是阻断传播和防止疫情蔓延的重要手段。农业农村部制定了相应的《检疫管理办法》，规定了原产地检疫、宰杀检疫和循环控制的具体要求。

二、应急管理现状

（一）机制不健全

虽然各级政府已为重大动物疫情建立了应急指挥部，但尚未建立专门管理常态化紧急情况的组织。主要原因是在我国这种机构是临时行政机构，没有专门的机构。指挥人员一般是通过临时调离相应部门而形成的，这必然需要一些时间。因此，很容易错过控制动物疫病的最佳时间，从而对疫情管理质量、效率都会产生不良影响。

我国多头、分段、属地化的兽医管理制度不利于建立长期的动物疫情应急管理机制。在人畜共患病的预防和治疗过程中，没有一个专门的行动协调组织，造成了各自为政的治理混乱。虽然我国建立了关于人畜共患病联席会议相关的制度，但疫病种类很少。

（二）体系不完善

我国目前的重大动物疫情的立法水平很低，没有与上位法进行良好协调。与此同时，它还分散在流行病学检疫法和其他法律中，一般来说，它们是强制性和禁止性的，没有具体详细的应急措施。这种以案件取代法律的情况将导致参与者不明确，缺乏适当的问责制度，缺乏有效监督执法进程的监督制度，没有提供完整的细节，无法有效发挥应急管理的功能和效率。

（三）运行机制不顺畅

在动物疾病的预防和控制方面，监测动物疾病是及早发现动物疫病的重要和关键保障。近年来，我国动物疾病预测工作取得了重大进展，但仍然存在不足。收集信息的渠道寥寥无几，传递信息的渠道不畅，处理信息的科学分析不足。恢复和重建工作是应急管理的重要组成部分，这是控制和管理流行病以实现正常化的关键时期。在没有健全的恢复生产机制的情况下，有必要改进相关扑杀补偿政策。此外，还需要改进动物疾病损失赔偿政策，其缺点主要反映在赔偿标准不足、补偿范围不足、补偿效率不足等方面。

（四）技术支撑力量薄弱

鉴于目前的兽医管理制度现状和基层兽医人员的专业水平，大多数城镇（街道）没有兽医技术人员，县（市、区）也不足。它主要依靠村一级的动物流行病预防人员，很难在第一时间对重大动物疫病（如经典猪瘟和非洲猪瘟、禽流感与禽霍乱、大肠杆菌等）作出准确判断或预判。一方面，容易与常规疾病混淆，耽误应急处置时间，造成部分疫病的局部扩散或处置不及时；另一方面，预防和控制的关键要点很难区分，这增加了日常调查的工作量，并对预防和控制的效果产生不良影响。

（五）综合防控效果不理想

在应急管理工作中，地方政府一般可以根据应急管理条例启动应急计划，预防和控制动物疾病的地方总部将组织不同的部门协调行动。然而，由于应急管理范围很广（主要疑似动物流行病不仅必须确定流行病的地点，而且还要确定 3 公里的流行病地区以及除疫情地点和强制免疫之外的5～10 公里的威胁地区），这需要很长的时间（一般从关闭 21～42 天）和高费用（主要是临时开支和金额较大）。各相关部门在人员配备、经费保障上都倍感压力，兽医主管部门也容易心力交瘁，疲于应付，顾此失彼，导致综合防控效果不理想。

第三节　我国食品产业发展现状

一、食品产业地位

民以食为天，食以安为先。2021 年 1—3 月，全国食品工业规模以上企业实现利润总额 1 620.6 亿元，同比增长 41.2%。其中，农副食品加工业实现利润总额 458.2 亿元，同比增长 28.9%；食品制造业实现利润总额 394.9 亿元，同比增长 52.1%；酒、饮料和精制茶制造业实现利润总额 767.5 亿元，同比增长 44.1%。① 食品产业承担着为我国 14 亿人提供安全放心、营养健康的食品的重任，是国民经济的支柱产业和保障民生的基础性产业，具有举足轻重的战略地位和作用。食品产业在促进国民经济发展的过程中发挥着越来越重要的作用，特别是在当前食品消费多样化发展的背景下，食品工业的发展正在变得更加强大。作为世界上最大的粮食消费市场，中国 14 亿人口每天消费约 251 万吨粮食，其中加工食品占 45%，特别是在我国的建设和持续城市化方面，食品产业迎来新的发展契机。②

二、畜产品生产形势③

自 20 世纪 80 年代国家放宽诸如猪肉、鸡蛋和牛奶等畜牧产品的价格以来，畜牧业养殖业迅速发展，总产量呈现出持续增长的趋势。然而，自 2000 年以来，畜牧业生产总值的增长放缓，在农业、林业、畜牧业和渔业生产总值中所占的份额在 2008 年达到 35.5%，但在 2019 年从上升趋势转为下降趋势，比重下降到 26.7%。中国目前的肉类和牛奶产量正在波动。2010 年肉类生产总值进入浮动阶段，自 2015 年以来呈下降趋势；牛奶产量在 2008 年三聚氰胺事件后进入了徘徊阶段；自 1997 年以来，家禽鸡蛋的生产一直处于低速增长阶段。

中国的畜产品生产可分为三个阶段：2000 年之前是肉类生产的快速增长时期，1980—2000 年，中国肉类生产产量从 1 205.4 万吨增加到 6 013.9 万吨，年均增长 8.4%；2000—2010 年是一个低增长时期，肉类生产年均

---

① 资料来源：2021 年国家统计局第一季度统计报告。
② 资料来源：《中国的粮食安全》白皮书。
③ 资料来源：《中国农业统计年鉴》。

增长率为 2.9%；由于 2019 年肉类产量大幅下降，2010—2019 年是一个失落时期，在这一阶段年均肉类产量增长率为 -0.3%，到 2019 年肉类产量为 7 758.8 万吨。

关于牛奶生产，2000 年之前的增长缓慢，1980—2000 年，牛奶产量从 114.1 万吨增加到 827.4 万吨，年均增长率为 10.4%；2000—2008 年是一个快速增长时期，牛奶生产年均增长率为 17.5%；2008 年至今为徘徊期，在此期间，由于牛奶质量反复出现安全问题和消费者信心不足，牛奶生产在 2008 年的水平上下波动。2019 年，牛奶产量为 3 201.2 万吨，2008—2019 年，平均增长率仅为 0.6%。

至于家禽鸡蛋的生产，1996 年以前是一个快速增长时期。1982—1996 年的平均年增长率为 14.9%，在大多数年份中，年均增长率超过 10%。1997 年，禽蛋产量出现了第一次改革后开放的负增长，禽蛋产量处于低速增长阶段，1996—2019 年的平均年增长率为 2.3%。2019 年，由于非洲猪瘟疫情，猪肉产量急剧下降，禽蛋作为动物蛋白质的重要替代来源，其产量在过去 10 年中同比增长最快。

从肉类生产结构的角度来看，由于消费习惯和价格，猪肉一直是肉类生产和消费的主要产品。随着经济增长、转型和人口消费结构的提升，肉类消费将不可避免地转变为基本的动物源蛋白和热量消费需求的多样化结构。在这一过程中，猪肉生产在整个肉类生产中的比例呈下降趋势，但仍然是第一大肉类品种；禽肉一直是第二大肉类产品，因为其价格优势导致产量明显增加；牛肉和羊肉的产量相对较低，但产量显示出稳步增长的趋势。1980—2019 年，猪肉生产总值的猪肉生产从 94.1% 下降到 54.9%，牛肉生产从 2.2% 提高到 8.6%，羊肉生产从 3.7% 提高到 6.3%；1985—2019 年，禽肉产量从 13.3% 上升到 28.9%。

三、畜产品贸易形势

自 2008 年中国肉类贸易赤字首次出现以来，进口量和对肉类产品的依赖性大幅增加。自 2009 年以来，猪肉进口迅速增长，牛肉和羊肉进口自 2012 年以来显著增加（如图 5－2 所示）。2009 年，猪肉进口从 135 000 吨增加到 199.4 万吨，占比国内生产总量从 0.3% 上升到 4.7%。2012—2019 年，牛肉进口从 61 000 吨增加到 166 万吨，占比国内生产总量从 1.0% 上升到 24.9%。羊肉进口从 12.4 万吨增加到 39.2 万吨，占比国内产量从 3.1% 提高到 8.0%。然而，自 2010 年以来，家禽进口总体保持稳定，徘徊在 50 万吨左右。2019 年猪肉价格大幅上涨导致对替代肉类的需求大幅增加，导致国内禽肉产量大幅增加至 797 000 吨。与 2010 年相比，2019 年国内家禽生产和进口大幅增加，国内生产的进口比例变化不大。2010 年，这一比例为 3.2%，2019 年略有上升至 3.6%。

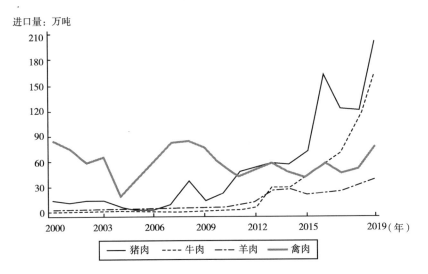

图 5－2　2000—2019 年我国肉类进口变化情况

资料来源：中国海关。

与进口相比，中国肉类出口量相对较小。2019 年，中国猪肉、牛肉、羊肉和禽肉进口量为 484.3 万吨，出口量为 54.1 万吨，其中禽肉出口量为 51.2 万吨，占出口量的 94.7%，猪肉、牛肉和羊肉出口分别为 27 000 吨、218.0 吨和 1954.3 吨。忽略库存因素，假设总生产和净进口量之和（表面消费）代表总需求，2000—2019 年，38.9% 的国内新增猪肉需求、51.5%

的新增牛肉需求和 14.3% 的羊肉需求通过进口满足，禽肉需求通过国内供应得到满足，如果以产量与总需求的比值来衡量自给率，2000—2019 年，中国猪肉的自给自足率从 99.8% 降至 95.6%，牛肉自给自足率从 100.2% 降至 80.1%，羊肉自给自足率从 99.5% 降至 92.6%。与猪肉、牛肉和羊肉不同，在此期间，国内禽肉生产的增长超过了需求的增长，家禽的自给自足率从 97.6% 提高到 98.8%。

从总体肉类消费结构的角度来看，今后猪肉和家禽的消费量将保持稳定，动物蛋白质消费量的主要增长将是牛肉、羊肉和水产品，猪肉进口将保持稳定，略有增加。近年来，中国的牛肉和羊肉进口量大幅增加，原因如下：一方面，国内肉类消费结构迅速现代化，猪肉消费饱和，牛肉和羊肉消费量迅速增长，但国内牛肉和羊肉进口无法满足国内消费需求，必须通过进口来解决这一问题，从而使牛肉和羊肉进口迅速增长；另一方面，国际贸易环境鼓励进口牛肉和羊肉。自 2008 年以来，中国与新西兰和澳大利亚的主要牛肉和羊肉生产商签署了自由贸易协定。随着"一带一路"倡议的实施，逐步开放内陆地区进口肉类指定口岸，同年解除巴西牛肉进口禁令，并于 2017 年全面解除持续 13 年之久的美国牛肉进口禁令。2018 年和 2019 年牛肉和羊肉进口量的增长不仅受到上述因素的影响，而且还受到非洲猪瘟导致的牛羊肉对猪肉的替代消费需求增长的影响。

四、畜产品市场形势

2013—2014 年养猪效率下降降低了养猪的生产能力，2015 年猪肉供应和需求关系的逆转导致价格下跌。在季节性波动和长期高峰期的综合影响下，猪肉价格在 2015 年 3 月底开始回升，此后一直波动上行。自 2016 年下半年以来，生猪供应量增加和经济增长放缓减缓了国内猪肉消费，一系列因素进一步降低了猪肉价格。猪肉价格在 2018 年下半年回升，考虑到非洲猪瘟暴发和环境保护政策实施的共同影响，猪肉价格自 2019 年下半年以来上涨，到年底最高价格约 59 元/千克。牛肉和羊肉价格趋势表现为季节性波动。2020 年初，由于消费者需求增加价格上涨，而年中价格先是下跌后上涨，主要原因是大居民对牛肉和羊肉的消费习惯是"夏季少冬季多"。自 2018 年下半年以来，非洲猪瘟疫情促进了牛羊肉对猪肉的消费替代，加强了牛羊肉 2019 年下半年价格上涨的趋势。

根据农业农村部发布的监测数据，从 2014 年下半年至 2017 年上半年，禽肉和蛋类价格持续下降（如图 5-3 所示）。全国月平均价格从最高峰的 12.2 元/千克下降到最低时的 6.9 元/千克。此后，禽肉鸡蛋的平均价格迅速回升到约 10 元/千克，并在 2018 年保持在这一水平。2019 年初，由于非洲猪热流行和猪肉价格急剧上涨，禽肉和鸡蛋的价格迅速上涨。2019 年 3—10 月，禽肉鸡蛋的平均价格从 9.0 元/千克上升到 12.5 元/千克的历史最高点，增长了 38.9%。由于供应能力的快速增长，2019 年 11 月，禽肉和鸡蛋的价格略低于不同肉类的价格。相比之下，猪肉价格在短时间内下降，随后大幅上涨，牛肉和羊肉价格继续上涨，由于生产能力的过度增长，禽肉价格在 2019 年 12 月开始下降。

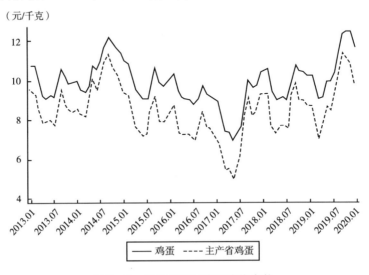

图 5-3 近年来我国鸡蛋价格走势

资料来源：农业农村部。

五、畜牧养殖业成本收益情况

对于生猪、肉牛、肉羊和肉鸡，繁殖成本主要是饲料成本、牲畜成本和劳动成本；对于奶牛，养殖的成本主要是饲料、劳动和固定资产投资的成本。从总成本不同组成部分变化的角度来看，畜牧业总成本的变化趋势主要受饲料成本的影响。以奶牛养殖为例，2006—2018 年，奶牛生产的劳动力成本、固定资产消费和土地成本呈逐年上升的趋势，饲草料特别是浓缩饲料投入的变化与总成本的变化是一致的，换句话说，如果把 2014 年作为一个转折点，就会出现"先增长后下降"的趋势。

2018 年，随着规模的扩大，生猪和肉鸡养殖单位的主要产品成本下降。小型、中型和大型猪的成本比散养的成本分别低 13.3%、16.1% 和 16.3%；肉鸡中规模和大规模养殖的成本比小规模养殖分别低 2.1% 和 5.6%。对于奶牛，2018 年虽然小规模养殖的单位主产品成本比散养低 6.3%，但中规模和大规模养殖成本却比散养分别高 5.9% 和 6.3%。[①]

第四节　我国动物性食品监管机构与体系建设

一、动物卫生监管体系

动物卫生监督管理是我国畜牧防疫、检疫工作的重要组成部分，2019 年以来，动物卫生监督所紧紧围绕"防风险、保安全、促发展"的目标任务，以"提素质、强能力"为抓手，继续深入贯彻实施《中华人民共和国动物防疫法》《兽药管理条例》及相关法律法规，做好动物防疫监督执法和兽药监督执法工作。

---

① 资料来源：《全国农产品成本收益资料汇编》。

我国动物卫生监督所 2020 年行政执法工作目标：动物卫生监管体系完备、监管队伍强化、监管装备加强、监管制度健全、监管记录规范，市、县两级动物卫生监督机构全面实现动物检疫、监督执法、移动监管、无害化处理、证章标志管理及办公自动化等各环节全程信息化监管；动物饲养场、屠宰场等"四类场所"动物卫生监管率达到 100%；全面实现受理申报动物检疫率、屠宰检疫率、持证率、动物检疫证明机打出证率 100%；跨省引进乳用种用动物的检疫审批率、实验室检疫率、隔离观察率达到 100%；严格落实监督工作制度化、标准化和痕迹化管理；切实提高动物卫生监督执法办案的数量和质量，执法案件在规定时限内结案率和行政诉讼的胜诉率达到 100%。但我国动物卫生监管体系在实施过程中仍然存在一些问题。

（一）动物卫生监督执法权责不明

动物卫生监督和管理机构必须将《中华人民共和国动物防疫法》作为执法基础，并要求对动物和动物产品的诊断和处理机构进行监督和执法。然而在许多领域，《中华人民共和国动物防疫法》赋予的职能和权力被任意分析，在人事岗位上出现随意委托授权的情况，任意授权损害了执法人员的权威。例如，根据《兽药管理条例》和《饲料和饲料添加剂管理条例》的要求，兽医药品管理局和饲料管理局负责动物卫生管理，但是有许多区域将省农业委员会授权给省动物卫生监督所，易造成权责不分的情况。因此，有必要区分监督和管理责任。

（二）动物卫生监督执法体制执法编制经费紧张

动物卫生监督和管理机构的收入较低，执法资金短缺，长期的经济紧张导致执法设备、执法车辆和执法制服严重短缺。由于缺乏办公设施和空间，动物卫生监督和执法的发展也受到影响。在动物卫生监督和执法方面，最重要的是《中华人民共和国动物防疫法》，动物传染病的预防主要依靠动物卫生监督和管理机构，没有能为监督和执法提供重要的法律基础，某些条例规定的处罚结果非常轻微，不能反映法律的权威。《中华人民共和国动物防疫法》规定，县级以上的动物卫生监督机构必须对动物和动物产品进行检疫，县农业管理部门负责动物诊断和治疗，审查动物流行病预防、家畜饲养、家禽管理、兽医饲料管理、生猪定点屠宰等行政管理和行政执法工作，而对于动物及动物产品检疫工作，从法律层面出现县级管不住、乡镇没"法"管的死角和漏洞。

二、食品质量监管体系

虽然现阶段我国逐步建立了一套在动物产品、动物疫病中饲料添加剂、兽药残留等方面的质量标准体系，然而，这些质量标准制度并不是高质量的，是不完整的，在目前疫情频发的情况下无法满足社会的需要。随着政策的开放和经济全球化，牲畜、家禽产品、动物产品和动物疾病研究的国际交流在加强，边贸经济往来的便利使类似禽流感、猪瘟等国外动物性疾病可随时传入中国。境外动物疫病可通过进出口途径对我国动物性食品安全的保障构成潜在的威胁（如表5-3所示）。

表5-3　　　　2018年1月份进口动物及动物性产品不合格汇总

产品名称	原产国/地区	数（重）量	不合格原因	进境口岸
马	荷兰	1匹	检出马梨形虫病阳性	首都机场口岸
牛骨骨粒	尼日利亚	132 000千克/2 640其他袋	品质不合格（霉变）	大窑湾
种猪	法国	1头	检出猪繁殖与呼吸系统综合征病毒	武汉天河机场口岸
种猪	法国	13头	检出猪传染性胃肠炎病毒	武汉天河机场口岸
种猪	法国	9头	检出猪传染性胸膜肺炎放线杆菌	武汉天河机场口岸

续表

产品名称	原产国/地区	数（重）量	不合格原因	进境口岸
非改良种用马	蒙古	1 匹	检出马病毒性动脉炎	二连口岸
活尿虾	缅甸	10 千克	镉超标	广州白云国际机场
活尿虾	缅甸	10 千克	镉超标	广州白云国际机场
活尿虾	缅甸	10 千克	镉超标	广州白云国际机场
活扇贝	日本	87.5 千克	镉超标	广州白云国际机场
草虾	越南	50 箱/550 千克	检出对虾白斑病进境动物二类疫病	长沙黄花机场

资料来源：根据国家质检总局公开资料整理所得。

目前我国针对食品质量安全法律制度仍存在问题。例如，法律和条例并不完善，管理活动的基础不充分。近年来，食品安全一直是我们社会关注的主题，食物质量必须在许多方面受到监督。在依法治国的今天，仅仅依靠人工管理来解决食品质量问题是远远不够的，必须依靠食品质量控制的法律制度，以消除食品质量的隐性风险，确保国家的食品安全。然而，我国目前与食品质量控制相关的法律制度近年来才逐步建立，法律和条例并不完善，存在明显的拖延情况，有效监督工作和管理主管人员的基础方面的问题还难以解决。与此同时，由于我国食品质量控制制度的启动较晚以及法律制度不完善，出现了大多数法律和条例都是空文、没有明确的监督和执行程序、执行主管人员的执行程序不当并产生纠纷等状况。此外，法律规定的责任是不合理的，在有效监督过程中很难发挥维持秩序的作用。与此同时，由于社会的发展，各种新型的食品质量违法行为层出不穷，甚至食品质量管制法律制度没有规定惩罚措施，导致更普遍的侵权违法行为。违反食品质量和犯罪的成本相对较低，处罚相对较小，唯利是图的商人更积极地寻找法律漏洞，赚取巨额利润。这些都扰乱了我国的食品市场，危及我国的食品安全，不利于国家和社会的和谐稳定。

我国目前的食品质量标准制度仍需要改进。除了不明确的食品质量法律和条例外，我国的食品质量监管标准也需要改进。我国目前的食品质量监管标准基本上与食品的国际标准相同，但仍然存在一些问题，如地方标准和国家标准之间的冲突、食品质量测试方法较少、总体监管标准不足，都增加了有效监管工作实施的难度，增加了安全风险。与此同时，我国目前的食品质量监督标准也存在滞后性，受制于相应的预防措施相对缺乏、应急计划不完善等因素，因此难以应对可能发生的意外情况。当食品质量问题被发现时，很难及时找到来源并迅速召回有害食品，这不利于监督我国的食品安全，并对我国的食品和食品安全构成威胁。此外，缺乏食品质量数据文档，我国食品质量和安全的主要问题是食源性危害。然而，我国缺少食源性危害相对应的数据资料、定期监测机制和主动监测网络点的数据和信息。当前我国食品质量监测方法，仍然是将样本送至疾病预防控制中心进行检测化验，没有经过科学数据分析，具有机械性、滞后性特征，不能为食品质量监管提供数据支撑。在实际监管过程中，检测仪器陈旧，技术人员专业能力不过关，都导致了我国食品质量数据档案的缺失。

三、产品产地认证和标准化体系

2020 年 5 月我国 152 项食品及相关标准正式实施，其中新增标准 113 项，代替标准 39 项，新增标准占标准总数的 75.3%。正式实施的标准中，国家标准 15 项，地方标准 71 项，行业标准 37 项，团体标准 25 项，其他 4 项。这些标准涉及产品或原料的标准、规程规范标准、检测方法等。我国农产品产地认证标准如图 5 - 4 所示。

2017 年第二届深圳食品安全风险交流论坛中，来自全球 8 个国家和地区的食药监管机构政府官员、科研机构专家学者、企业负责人等近 500 人参会，围绕"食品安全标准与技术法规"主题进行探讨交流。除了对进入深圳市场的食品和食用农产品做好监管外，深圳食品监管部门还将把监管关口前移，对供深食品基地进行产地认证，从源头上保障进入深圳市场的食品的安全性。针对深圳食品主要依赖外地供应、输入性风险较大等状

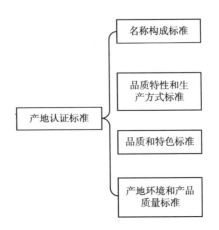

图 5 - 4　我国农产品产地认证标准

况，深圳食品监管部门将把监管关口前移，进入供深食品的原产地、输入地，对这些供深食品基地进行产地认证，从源头上保障进入深圳市场的食品的安全性。

第五节　我国动物性食品监管运转情况

一、明确责权责任体系

通过现场监督和检测，不难发现许多小型和微型企业对食品安全检查缺乏适当的检测认知。在即时检查过程中，会出现质量低劣、材料不达标、产品类别不完整等现象。这主要是因为各个公司没有严格遵循国家政策的概念，也没有对国家政策进行全面理解。甚至有一种现象是，一些食品监督员不完全了解相应的知识，实验室技术员等职位具有临时性以及应用程序和处理检查采用临时替代办法，这些造成了食品生产中出现问题也无从追究。

全国人大常委会于 2009 年 2 月通过了《中华人民共和国食品安全法》，将食品安全监督体系分为三个部分级别：食品安全委员会属第一级，属于横向统一、跨部门的协调议事机构，由国务院规定其工作职责；国务院卫生行政部门属第二级，全面协调食品安全保障工作是国务院卫生部在食品安全领域的首要责任，负责组织与食品安全有关的重大事件，组织制定食品安全统一标准，发放重大食品安全问题的主要信息，负责食品安全的风险评估工作；国家食品药品监督管理局和国务院工商管理、质量监管属第三级，它们分别负责监督和管理食品生产、流通以及餐饮服务活动，这可以有效地减少"长监多监"造成的疏漏和不足，实现从农田到餐桌一系列步骤的全面监督。

《中华人民共和国食品安全法》明确了食品重新分配制度。通过重新分配制度还明确了相关责任，提高了食品重新分配过程的效率。它的建立具有大众化和预防性的特点。同时也强化了企业社会责任，《中华人民共和国食品安全法》对原有民事、行政、刑事责任进行了严格的要求，提升了违法成本，强化了惩处力度。然而，我国食品召回制度处于初期阶段，现有的法律制度将生产者的责任与食品监管当局的权利分开，以及消费者对食品召回制度的认知上仍需继续改进。

二、治理源头、监控养殖行为

农村畜禽类的养殖模式已从分散式经营往集约化经营的养殖模式过渡，这种转变使得畜禽类产生的粪便得不到快速的处理，而后转变成污染物对农村的生活环境造成很大的污染。农业生产中，各种化肥和农药的超量超标使用，工业化生产中城市生活给周边环境带来的生活垃圾及"三废"，土壤中残留的大量放射性元素和重金属，某些饮料商品的加工和销售过程中产生的有毒有害物质，以及很多商品型饲料在保存过程中会产生黄曲霉等毒素，亚硝酸盐和硝酸盐等含量存在，这些都对饲料的质量安全造成巨大的危害，从而影响畜禽产品质量安全。

我国《农产品安全质量无公害畜禽肉产地环境要求》GB/T 18407.3

对屠宰加工企业以及屠畜禽养殖场的选址以及产地周边有清晰规定。屠宰加工、养殖选址地点应避免在居民生活区、水源保护区和旅游区，并且要远离医院、城市垃圾存放点等公共场所和排放"三废"的工业企业，和交通主干道要保持 20 米以上的距离。周围 500 米养殖范围内以及水源上游没有对产地环境构成威胁的污染源，必须要符合兽医防疫要求。保持区域内环境干净，设有生物防护设施；车间布局合理，配有卫生设施；生产区、行政区和生活区严格分开。饲养和加工环境的空气、水、土壤及污染物的浓度限值必须符合农业农村部颁布的无公害食品环境条件标准，如无公害食品加工厂大气环境质量必须好于《环境空气质量标准》GB 3095 规定的三级标准要求。畜禽饲养环境空气质量指标如表 5 - 4 所示。

表 5 - 4 我国畜禽场空气环境质量标准

项目	单位	场区	舍区	
			猪舍	牛舍
氨气	mg/m³	5	25	20
硫化氢	mg/m³	2	10	8
二氧化碳	mg/m³	750	1 500	1 500
可吸入颗粒（标准状态）	mg/m³	1	1	2
总悬浮颗粒物（标准状态）	mg/m³	2	3	4
恶臭	稀释倍数	50	70	70

资料来源：由公开资料整理所得。

我国集约化的养殖业都有其特定的一套标准规定或指标。如果不能对养殖场畜禽排泄物进行有效规范的处理，会产生恶臭，这不仅会污染环境，而且大量粪便中的细菌和寄生虫可以滋生蚊子和苍蝇，导致细菌和寄生虫的传播，特别是一些人畜共患病更易通过这种方式进行传播，对人类的生命安全造成巨大的隐患。

在《畜禽规模养殖污染防治条例》颁布前，我国尚未出台相关的专业政策法规控制和保护农业环境污染。自 2014 年 1 月 1 日起，《畜禽养殖污染防治条例》正式实施。随后我国又继续印发了一系列关于畜禽废弃物相关的政策法规，加大对于畜禽养殖废弃物资源化利用的推动力度（如表5－5所示）。

表5－5 近5年畜禽废弃物资源化利用相关政策导向

年份	颁发文件	发文机关	主要内容
2015	《关于加快推进生态文明建设的意见》	中共中央、国务院	克服资源利用、环境治理和污染治理方面的技术困难，大力发展循环农业经济，控制农业污染
2016	《关于推进农业废弃物资源化利用试点的方案》	农业农村部、国家发展改革委、财政部、住房和城乡建设部、环境保护部、科学技术部	力争实现在2020年试点县试点规模养殖场配套设施粪便处理设施比例达80%左右，基本要实现畜禽粪便资源化利用和病死畜禽的无害化处理
2017	《关于加快推进畜禽养殖废弃物资源化利用的意见》	中共中央、国务院	确立了"一条路径"，即源头减量、过程控制、末端利用的治理路径；完善"一个机制"；实现"三大目标"
2018	《关于实施乡村振兴战略的意见》；《关于实施乡村振兴战略加快推进农业转型升级的意见》	中共中央、国务院	加强农业面源污染治理，推进畜禽粪污处理，实现资源化利用；明确要求"持续推进病死畜禽无害化处理建设体系、提升集中处理比例"
2019	《畜禽养殖废弃物资源化利用2019年工作要点的通知》	中共中央、国务院	发展循环农业，促进畜禽粪便等农业废弃物的资源化利用，整县治理实现畜牧养殖大县粪污的资源化

资料来源：根据公开资料整理所得。

三、落实检疫监管工作

2019年11月，农业农村部组织对8个省的21家生猪屠宰企业开展飞行检查，这些省份是河北、山东、四川、江西、安徽、江苏、湖北和陕西，其中在产企业12家，停产企业9家。总的来看，在产企业建立了专门实验室以检测非洲猪疫，并根据"全面检测和覆盖"的要求，购置了检测和试剂，配备了技术专家，这也提高了企业对生物安全的认识。

农业农村部指出，检查中发现部分企业存在以下问题：一是非洲猪瘟监测、记录不一致以及公司检查员检测能力薄弱；二是生物安全和控制措施不足，清理记录不足，需要改进工厂的卫生设施；三是猪的固定屠宰证明、动物健康证明、排放许可证地址信息、企业法人资格信息、个别公司未经许可生产、未列入农业农村部公告、屠宰证明编号与肉类质量检查不相符等；四是部分样本检测呈阳性，其中 243 份通过飞行检查获得，12 份呈非洲猪瘟病毒核酸阳性样品，总流行率为 4.94%。

以江西省为例，2019 年江西省农业农村厅在关于生猪屠宰环节的自检和制度落实情况的通报中，反映了部分市县区对"两项制度"的认识程度不到位、落实程度不足，并且反映部分生猪屠宰企业仍然处于观望的态度，并未主动去落实合理的自检制度（如图 5-5 所示），除了南昌市、上饶市、九江市和赣州市以外，江西省其他市的非洲猪瘟自检率均未超过50%，宜春市、萍乡市、吉安市和抚州市的自检率更是偏低，说明企业对非洲猪瘟的防控措施重视度不够，并未将具体的检验检疫具体落实到实处，甚至图 5-5 中的某些区县的屠宰企业从政策制度发布以后，从未进行过自检或自检率极低，未开展过自检的有 27 个区县，其中吉安市和抚州市占大多数，而自检率在 0~10% 的有 4 个县区，分别在九江市和宜春市，另外还包括自检率在 10%~20% 的 6 个县区以及 20%~30% 的 3 个县区。以上情况均反映了我国目前的非洲猪瘟疫情防控力度落实度仍然不足，是食品质量安全保障的一大威胁。

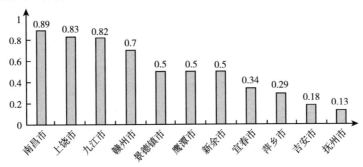

图 5-5　2019 年江西省各市平均非洲猪瘟自检率

资料来源：江西省农业农村厅。

四、严密监控生产经营

2020 年农业农村部制定了全国饲料质量安全监督抽查计划。为切实强化饲料质量安全监管，农业农村部畜牧兽医局按照"双随机、一公开"的要求，采取"互联网＋饲料监管"的方式，组织开展 2020 年全国饲料质量安全监督抽查工作。全国饲料质量安全监督抽查工作分上半年和下半年 2 次进行，分别于 2020 年 7 月 10 日和 11 月 10 日前完成。一是生产企业监督抽查。在全国饲料生产企业名录库中随机选取 1 000 家以上饲料生产企业，抽检样品 3 000 批次以上。二是生产企业现场检查。在被监督抽查企业中确定 300 家开展《饲料质量安全管理规范》执行情况检查。三是风险预警监测。在生产、经营和使用环节开展饲料中非法添加物预警监测，重点产品包括混合型饲料添加剂、宠物饲料和酶制剂、植物性饲料原料、植物提取物、微生物制剂等。对微生物发酵类产品及其生产菌株的合规性进行调查和安全性风险分析。

第六节　我国动物性食品安全监管机构与人员问题

一、我国动物性食品安全监管机构问题

一些畜禽养殖户对畜禽舍消毒处理工作的忽视，对畜禽产生的废弃物只是非常随意地进行处理，从而为一些导致动物发生疾病的致病菌创造了繁殖环境。一些畜禽养殖户由于经济条件不足等轻视防疫工作，没有意识到防疫工作的重要性，给畜禽的健康状况造成了极大的威胁。目前，基层部门中针对畜禽产品的检测方法和设备相对落后，尤其缺乏兽药和饲料的分析和监测设备，如残留物和污染物检测仪器缺乏严格的检验标准，而在

真实的检测实践中缺乏科学理论知识，会大概率出现测试结果的偏差甚至是错误。在食品质量和安全方面，欧盟在世界上排名第一，这主要是由于其先进的动物食品安全监管制度（如表 5－6 所示）。

表 5－6　　　　　欧盟动物源性食品安全法律监管制度的主要特征

监管主体多样	包括执行机构、立法机构以及咨询机构
	全面覆盖到食品条例、法律法规、决策
	对食品安全问题提出意见与咨询
	负责动物营养、健康、食品加工、食品流通
法律责任明确	若销售环节发现问题，及时向主管部门汇报，并与之协作采取应对措施
	若销售终端出现问题，食品经营者必须立刻向广大消费者披露相关信息，并及时启动产品召回程序
法律体系完善	根据欧盟的相关法律法规制定本国的食品安全法规
	通过决议或者指令的方式予以贯彻与执行
	水平性法律：如《中华人民共和国食品卫生法》《中华人民共和国消费者权益保护法》等；垂直性法律：针对一切动物检疫、疫病防治、畜产品安检、疫病检测、兽药管理等的纵向法律规定
食品安全可追溯	可追溯性要求食品经营者能够确定有问题食品的采购者与供应商
	在食品生产、食品加工与食品分配环节中追踪饲料、食品及其成分
	统一化的数据库，具体包括代码系统与识别系统等
	准确记录原料的来源与配料以及牲畜的饲养过程

资料来源：根据公开资料整理。

　　某些致动物疾病的病原菌由于检测结果的偏差未能及时被发现，导致畜禽类感染动物疫病，这样会使疫病或病菌通过畜禽或畜禽产品进而感染人类，间接威胁到人类的生命安全。在畜禽产品的监测检验过程中，如果检验人员对仪器和设备的使用不恰当，就会使检验的结果与正确结果发生偏离，若负责检测的工作人员的检测能力和知识水平相对达不到要求，将会对人类和社会造成不可挽回的后果。

　　想要监督工作能够有效进行，专业人员和有效的管理体制是非常重要的，但在这一行业中专业人员少之又少，企业采取抢人才的措施，监管机构的主要工作就是进行食品质量测试，以提高检测技术专业人员的发现效率，确保监测正确性；另外，必须培养检测高技能的人才。缺乏人才也是该行业的一个重大问题，这要求各企业不要故步自封，不能只懂得制订自己的计划，要适应时代，做出合理的改变，要将培养工作放在第一位，只有拥有属于自己的工作人员，才能发展更好。由于缺乏高质量人才，很多监控不到位，检测技术存在不完善和不足之处，单一的检测方式会被一些无良企业捡漏，造成不可挽回的结果。因此，只有控制好关键技术才能保证食品安全。

二、我国动物性食品安全监管机构的人员问题

工作人员的以权谋私行为给我国动物性食品安全保障带来了极大的阻碍，这种行为严重阻碍部门监管机制的有效落实，甚至会出现形势更为严重的非洲猪瘟疫情危害，我国自非洲猪瘟暴发以来，防控形势持续严峻，依然有不法分子法律意识薄弱，违规违法现象不断，其中不乏在各部门防控工作中的工作人员。

2018 年 9 月 24 日，内蒙古自治区呼和浩特市一屠宰场暴发非洲猪瘟疫情。后经调查，当地驻场官方兽医杨某某收取 8 000 元好处费而违规开具合格证明。2018 年 12 月 23 日，贵州省清镇市官方兽医违法出具动物检疫证明案刑拘 5 人。2018 年 10 月中旬，四川省攀枝花市某镇动物检疫点协检人员张某某因伪造动物检疫合格证明被抓获。2018 年 11 月，根据群众举报线索，广西壮族自治区玉林市无害化处理站的一名工作人员项某在为辖区养猪场有病死猪进行无害化处理时，利用自己的特殊身份通知犯罪嫌疑人何某某将其病死猪拉走，并从中索取钱财。2019 年 1 月，河北省曲周县动物检验检疫站的一名工作人员李某某虚开动物检验检疫证，从河北一家食品公司的粮仓里取出一些生猪，主要出售给浙江省瑞安市的蔬菜市

场，价值超过 200 万美元。食品监管任务一般由基层人员完成，大多数工作人员不熟悉这项工作的进展，没有办法满足正常的工作需要，导致一系列广泛问题出现。有关部门应该设立所需的职位，由专业人员负责，但这个岗位工作人员辞职率较高，导致工作没有办法正常进行，人才的短缺及工作人员的变动使企业不断培养食品安全监测的负责人，这不仅极其浪费时间，效果也不达标。这种情况如果频繁出现，会使企业的管理也出现问题。

第七节　我国动物性食品的药物残留问题

兽医在治疗动物疾病时，通常会使用到各种类型的兽药，当这些药物过度使用在畜禽身上时，药物不能及时代谢的可能性很大，因此很可能会有畜禽体内兽药残留的情况发生。当人们食用含有兽药残留的动物源性产品时，会引起体内毒素的积累。当情况严重时，会引起人体细菌耐药性等健康问题，严重损害人体健康。因此，在动物性食品安全监管中，兽药残留问题成为监管的重点。

一、药物残留的危险性

（一）急、慢性中毒

虽然通常的兽医残留物浓度并不高，而且由于人类的食用量相对有限，一般情况下不会导致急性中毒，但也有中毒的现象发生。例如，新闻报道来自西班牙家庭聚餐时，由于食用含有兽药残留的牛肝，出现食物中毒现象，检测显示牛肝组织中存在盐酸克伦特罗。大多数这些兽医药品都具有较高或较低的毒性，可能会导致贫血症的复发，同时还会导致淋巴瘤、癌肿瘤，因此，长期食用含有动物残留药物的食品会造成慢性中毒。

（二）三"致"危害

随着兽医药物研究的深入，已发现相关兽药会致癌、脑畸形和突变效应。如果人们长时间食用的动物食品中含有这些药物残留，对人体伤害非常严重。

（三）增加细菌耐药性

如果低剂量的抗微生物药物与动物源营养接触，可能会消退或使敏感细菌粉化。大肠杆菌的出现也会对原微生物产生平衡的繁殖条件，导致身体内的传染病，以及因细菌耐药性而引起的疾病，治疗效果往往较差。

（四）过敏反应与变态反应

兽药残留物还引发过敏反应，导致各种症状，包括麻疹、发烧、蜂窝组织炎、关节痛等。如果过敏反应特别厉害，就会造成创伤甚至死亡。青霉素和磺胺类药物以及氨基糖苷类抗生素等，都会引起人类的过敏，如果这些药物留在动物食物中并进入人体，则会提高敏感人群的敏感度。如果人再次接触抗生素，就会引起过敏。

（五）激素（样）作用

许多报告表明，一些儿童在长时间食用家禽肉后出现早熟的现象，主要原因是这些动物食物中存在溶解的类固醇和非类固醇激素。由于动物饲养中雌激素的无管制使用，在肝脏、肾脏和动物注射药物中会检测到这些激素。

二、肉类食品药物残留

我国肉类食品兽药残留的监控监测工作是通过多部门进行，这就导致责任不明确、沟通不足、缺乏一致性以及对兽医药品残余物漠不关心。在大多数部门，对兽医药品残余物的监管监测仅仅是一种简单的形式，为了应付上级检查，有时将记录和档案作为反映兽医药品残余物的唯一证据，无法准确确定产品的质量。此外，对兽医和动物性食品兽药残留的监管水平和质量低下。一方面，一些工作人员缺乏所需的执法证件，也没有统一的制服；另一方面，没有制定适当的条例和规章制度，导致基层官员执法不力，使他们有大部分时间来敷衍了事。抽样工作人员往往缺乏正规执法文件，这造成一些风险和漏洞。测试数量少，覆盖面不足，加上市场供应大，在一定程度上削弱了监管的力度。

许多养殖户没有严格阅读兽医用药的使用指令，也没有严格的休药期，在动物进入市场销售之前，还会在饲料或饮用水中添加大量的兽医添加剂，这导致动物体内的兽医药物没有被新陈代谢，保存在器官和肌肉组织当中。饲料中还可能添加被违禁的材料，例如瘦肉精，目的就是增加动物的重量和瘦肉率，特别是在中小型农场很常见。瘦肉精不能在动物体内代谢，会在器官和肌肉组织中积累，对人类健康构成严重威胁。在畜禽类的后期治疗和动物疫病的防范疫病工作中，某些兽药不合理、不规范的使用方法，没有严格遵守休药期的规定，导致畜禽及畜禽产品有少量或大量的药物残留。

为了满足养殖户求新、求快的心理需求，兽医制药公司继续开发新的兽医药品，某种程度导致了农场的滥用。一些饲料生产商将禁用的兽医药品添加到饲料中，农民在农业活动中长期使用这些产品可能会导致肉类食品中残留药品超标。

2019 年共检测 9 740 批次畜禽及蜂产品兽药残留，包括猪肉、猪肝、牛肉、牛奶、鸡肝、羊肉、蛋、鸡、蜂产品及其他 9 种产品；共检测 18 类有害化学品 90 种，其中 9 类猪肉 43 种，1 类猪肝 2 种，4 类牛肉 10 种，5 类牛奶 31 种，2 类鸡肝 20 种，2 类羊肉 17 种，5 类鸡蛋 14 种，8 类鸡肉 35 种，10 类蜂产品 58 种。畜禽产品样品来源包括除西藏外的 30 个省、自治区和直辖市；蜂产品样品来自四川、山东、浙江、河南和湖北 5 个省份。在 9 190 批畜禽产品样品中，有 9 163 批合格样品，合格率为 99.71%；在 550 批次蜂产品样品中，有 547 批合格样品，合格率 99.45%（如表 5 - 7 所示）。

表 5 - 7　　　　　　　2019 年畜禽产品兽药残留监控结果

检测样品	检测数量（批）	超标数量（批）
鸡蛋样品	2 078	8
鸡肉样品	1 857	15
猪肝样品	400	3
猪肉样品	2 432	1
鸡肝样品	450	—
牛奶样品	874	—
牛肉样品	695	—
羊肉样品	404	—

资料来源：由农业农村部兽医局数据整理所得。

检测蜂产品样品的结果显示，检测 50 批硝基咪唑类样品中超标 2 批，检测 50 批四环素类中超标 1 批。各检测 50 批氟喹诺酮类、氯霉素、磺胺类、氨基糖苷类、硝基呋喃类、氟胺氰菊酯、双甲脒及其代谢物、大环内酯类、溴螨酯及其代谢物等，均未检出超标样品。

三、蛋类食品药物残留

我国各地食品药品监督部门近年来实施的蛋类食品抽检中，发现多批次蛋类含有非法兽药，环丙沙星、恩诺沙星、氟苯尼考已成为"重灾区"。蛋类食品的卫生问题上，鸡蛋中有机氯农药残留的问题特别值得注意。由于长期使用有机氯农药，它们可以在土壤中积累，增加作物的含量，可通过食物链在食品中造成大量的残留物，这在鸭蛋中更为严重。随着养殖户广泛使用饲料添加剂，家禽蛋中性激素、重金属、有机砷、抗菌剂（如己烯雌二醇）等有毒有害物质残留相对普遍，这对人类健康具有极大的威胁性。

例如 2018 年 4 月，庄河某禽业养殖中心因其生产鸡蛋被查出有"氟苯尼考"药物残留，最终蛋鸡养殖负责人尹某某被依法判处有期徒刑 7 个月，并处罚金人民币 3 000 元，上缴国库。2018 年 8 月 7 日，湖北浠水县，何某某因在 5 月 18—20 日，连续 3 天对其 1 500 只病鸡使用了"舒氟清氟苯尼考粉"，被食药监局检测出药残，被以涉嫌生产、销售有毒有害食品罪刑事拘留。农业农村部明确规定，产蛋家禽禁用氟苯尼考，鸡蛋中检出氟苯尼考，可能是在蛋鸡养殖过程中违规使用氟苯尼考，或使用的饲料中带入氟苯尼考，导致该物质残留在家禽体内，进而传递至鸡蛋中。

2018 年 8 月，农业农村部发布的《对十三届全国人大一次会议第 6369 号建议的答复》中决定，从 2018 年 9 月 1 日起，全面执行鸡蛋追溯。这预示着国家对食品安全问题越来越重视，也表明后期鸡蛋抽检将越来越频繁、规范和严格。

四、奶类产品药物残留

奶牛在患病期间产生的牛奶通常含有过量的药物残留物，尤其是抗生素等其他药物的残留是威胁乳制品安全问题的主要因素之一。用抗生素治疗奶牛乳腺炎和其他疾病主要有两种方法：一种是局部药物，即抗生素直接注射到病牛的子宫或乳房；另一种是肌肉或静脉注射。这两种方法都会导致奶牛体内的抗生素药物残留。大多数养殖户对奶牛采用散养模式，往往在奶牛用药期仍向牛奶公司送质量不达标的牛奶，若检测系统不能及时发现这一现象并采取适当措施，牛奶抗生素药物残留问题就会随之出现。

五、兽药管控的手段

目前，兽药的控制方法主要从生产端和使用端两个方面入手。

（一）生产端的管控

生产端的控制主要针对兽药企业的控制。现在在我国注册兽药的企业有 1 700 多家，在严格的兽药生产控制的状态下，很多厂家从 2010 年开始转型，目前已经取得了很好的效果，大多数企业的产品都是规范的，能够严格按照 GMP 管理进行生产，药品也都是符合标准的，有违规添加现象的厂家所占比例很小。政府每季度发布的兽药抽样结果显示，目前的问题主要集中在含量不符合标准、药物不稳定等，这些不合格的产品一般不会对食品安全产生很大影响。

（二）使用端的管控

为什么我们的动物蛋白食品会出现安全问题？大多集中在不规范的使用环节，最常见的有以下几种情况：许多养殖场的管理水平较低，疾病的防治完全依赖西药，特别是抗生素，过量的抗生素残留正是食品安全中最常见的问题。抗生素的过度使用也导致了许多地区在控制某些疾病时致病细菌出现耐药性。例如，鸡在生产过程中不允许使用任何化学物质，但许多农场冒着使用抗生素的风险来及时控制疾病。这些抗生素不是随便使用的，而是作为一种政策"优势"。例如，在治疗输卵管炎中使用青霉素、氨基甙类抗生素、头孢菌素和其他药物，因为青霉素药物代谢速度快的特点，使用后可以迅速在体内分解代谢，所以在检测鸡蛋时只有一部分的代谢物可以检测到，但找不到药物原型。氨基糖苷类化合物分子结构中不含紫外吸收基团，无法通过高效液相等精密设备进行检测。

第八节　国内外食品安全追溯体系对比

通过对现有文献的分析，发现国内外对食品安全监管研究的视角存在较大差异。国外学者撇开政府监管，从多个角度对食品安全监管进行研究。主要原因是国外对食品安全的关注由来已久，食品安全监管体系相对完善。然而，由于受各种因素的影响，我国对食品安全问题的关注相对较晚，食品安全监管体系仍处于探索和建设阶段。与发达国家的食品安全监管体系相比，我国的食品安全监管体系还不够完善。

一、欧盟食品安全可追溯体系建设情况

在欧盟，食品安全追溯体系最初是为了防止疯牛病的危害而建立的，作为食品安全保障体系，主要涉及食品安全环节的整体监管和事后问责制。直到 2006 年，欧盟再次颁布了《欧盟食品和饲料安全管理条例》，在原有的安全防范体系的基础上增加了一项制度——不合格产品召回制度。现阶段，欧盟主要采用食品安全全程跟踪模式，最常见的跟踪方式是利用现代技术创新条码等信息，对食品信息进行识别和监督（赵蓉、陈绍智、乔娟，2012）。

二、美国食品安全可追溯体系建设情况

美国食品安全追溯体系最重要的两个过程是全程监督、跟踪和控制。2002 年，美国政府推出了农场到餐桌的食品安全管理模式，主要包括全面分析和跟踪的食品供应链、完美的监管机构和团队、现代信息技术建设、法律体系建设以及食品安全监管，提高食品安全监管体系运行效率。

三、日本食品安全可追溯体系建设情况

日本提出的食品安全追溯系统对牛肉质量安全进行监控，其首要目的是通过这种模式，消费者可以通过手机、电脑等网络查询肉牛品种、产地和生产者等相关信息，该模式已逐步应用于食品行业，最大限度确保日本的粮食安全。

四、我国食品安全可追溯体系建设情况

直到 21 世纪，我国的食品安全体系的建设和规划才逐渐受到重视。但目前还没有相对成熟和完善的建设体系，主要受经济发展和复杂生产环境的影响（李金华、凌杰、何晓涛、谢锐，2009；王慧敏、乔娟，2011）。《上海市食用农产品安全监管暂行办法》是我国颁布的第一部食品安全监管条例，旨在对食品安全生产的各个环节进行监管。此后，我国先后于 2003 年 7 月、2010 年 9 月和 2012 年颁布了相关法规，以提高食品安全的监管水平。

第九节　案例分析

一、非洲猪瘟

2018 年 8 月非洲猪瘟首次在中国出现，从首次发现到现在几乎 28 个省（区、市）都发现了非洲猪瘟。中国是最新发现非洲猪瘟的养猪大国，猪肉是中国的主食，中国的猪占世界猪总头数的 50% 以上，非洲猪瘟疫情的暴发直接影响了我国的食品安全问题，尤其是猪肉产业。非洲猪瘟重大疫

情的发生表明我国的重大动物疫情防范控制体系存在一定的漏洞。动物性食品尤其是猪肉产品在我国居民肉类食品消费中占重要地位，而非洲猪瘟疫病的暴发使国内居民对猪肉制品的质量安全问题关注起来，已经影响了我国居民对肉类食品的正常需求。截至 2019 年 7 月 3 日，全国共发生 143 起非洲猪瘟疫情，生猪扑杀量达到 116 万头以上。各个部门为贯彻落实非洲猪瘟疫情防范控制措施，严格遵守《非洲猪瘟疫情应急预案》《中华人民共和国动物防疫法》以及《重大动物疫情应急条例》等文件和法律法规。

2019 年，非洲猪瘟继续传播和蔓延，呈现出广泛流行的特点。全国共报告 64 起疫情，其中 62 起生猪疫情，2 起野猪疫情，疫情涉及内蒙古、黑龙江、重庆、江苏、云南、甘肃、宁夏、山东、陕西、湖南、新疆、广西、河北、四川、湖北、西藏、贵州、海南、辽宁和青海 20 个省（区、市）。比 2018 年新增了甘肃、宁夏、广西、山东、河北、新疆、西藏和海南 8 个省（区）；吉林、安徽、北京、浙江、天津、山西、江西、河南、上海、广东和福建 11 个省（市）均没有疫情报告。

感染非洲猪瘟的猪群仍然有很高的发病率和病死率。2019 年相关数据的初步统计显示，非洲猪瘟的发病率为 0.38% ~ 100%，病死率为 2.38% ~ 100%；在 62 例报告的生猪疫情中，有 38 例疫情病死率超过 50%，有 17 例疫情病死率为高达 100%。2019 年有 2 例野猪疫情暴发，因此今后对野猪疫情的检测以及对野猪生活环境的控制十分重要。2019 年 4 月至 2020 年 6 月，根据农业农村部报告，非洲猪瘟发生情况如表 5 - 8 所示。

表 5 - 8　　　截至 2020 年 6 月 5 日非洲猪瘟疫情汇总情况

公布时间	省份	市（地区）	发病地点	存栏数（头）	发病数（头）	死亡数（头）
2019 年 4 月 4 日	新疆	乌鲁木齐	米东区	200	15	15
	云南	香格里拉	村民小组	301	196	105
2019 年 4 月 7 日	西藏	林芝	巴宜区、工布江达县、波密县	—	—	55

续表

公布时间	省份	市（地区）	发病地点	存栏数（头）	发病数（头）	死亡数（头）
2019 年 4 月 8 日	新疆	喀什地区	叶城县	341	39	39
2019 年 4 月 11 日			疏勒县	583	150	92
2019 年 4 月 19 日	海南	儋州市	—	302	28	28
		万宁市	—	419	49	49
2019 年 4 月 21 日		海口市	秀英区	252	252	43
		—	澄迈县	172	62	62
		—	保亭黎族苗族自治县	7	7	7
		—	陵水黎族自治县	86	34	34
2019 年 5 月 18 日	贵州	贵阳市	乌当区	75	6	6
2019 年 5 月 20 日	四川	阿坝州若尔盖县	降扎乡	429	111	78
2019 年 5 月 21 日	宁夏	石嘴山市	惠农区河滨街道办事处	40	4	3
2019 年 5 月 25 日	云南	文山州	砚山县维摩乡	104	49	48
2019 年 5 月 27 日	广西	—	博白县旺茂镇	1	1	0
2019 年 5 月 29 日	云南	西双版纳州	勐海县格朗和乡	80	37	12
2019 年 5 月 31 日	贵州	黔南州	都匀市	32	1	1
2019 年 6 月 11 日				331	15	10
2019 年 6 月 20 日			平塘县	65	24	21
				121	19	15
2019 年 6 月 21 日			三都县	410	36	21
				488	78	61
2019 年 6 月 28 日	宁夏	中卫市	沙坡头区	60	1	1
2019 年 7 月 11 日	湖北	黄冈市	但店镇	102	5	5
2019 年 7 月 17 日	四川	乐山市	甘江镇	102	21	21
2019 年 7 月 26 日	辽宁	沈阳市	—	70	—	20
2019 年 7 月 27 日		铁岭市	开原市庆云堡镇	65	1	1
				70	1	1
2019 年 8 月 1 日	湖北	荆州市	万全镇	32	9	5
2019 年 8 月 26 日	云南	昭通市	永善县大兴镇	120	55	26

续表

公布时间	省份	市（地区）	发病地点	存栏数（头）	发病数（头）	死亡数（头）
2019 年 9 月 10 日	宁夏	银川市	兴庆区	226	13	13
2019 年 10 月 25 日	云南	楚雄州	楚雄市冬瓜镇	15	3	3
2019 年 11 月 9 日	重庆	垫江县	—	25	1	1
2019 年 11 月 13 日	云南	保山市	腾冲市界头镇	261	177	97
2019 年 12 月 11 日	陕西	汉中市	佛坪县	9	9	3
2019 年 12 月 24 日	四川	泸州市	叙永县	435	15	15
2020 年 3 月 3 日	湖北	神农架林区	阳日镇、松柏镇	—	—	7
2020 年 3 月 12 日	四川	乐山市	五通桥区冠英镇	111	—	7
2020 年 3 月 13 日		泸州市	叙永县麻城镇	120	—	12 ·
	河南	三门峡市	洪阳镇赵窑村	364	—	252
2020 年 3 月 28 日	四川	广元市	—	128	—	6
2020 年 3 月 30 日	内蒙古	鄂尔多斯市	鄂托克旗	200	—	92
2020 年 4 月 1 日	四川	乐山市	停车区	83	—	1
2020 年 4 月 2 日	甘肃	陇南市	—	218	—	139
			检查站	110	—	67
2020 年 4 月 5 日	重庆	云阳县	江口镇	298	—	64
2020 年 4 月 12 日	甘肃	酒泉市	检查站	320	—	3
	陕西	榆林市	老高川镇	49	—	39
2020 年 4 月 17 日	江苏	宿迁市	沭阳县	17	8	3
2020 年 4 月 21 日	四川	巴中市	检查站	106	—	2
2020 年 5 月 29 日	甘肃	兰州市	永登县	9 927	280	92
2020 年 6 月 5 日	云南	丽江市	永胜县	102	81	81

资料来源：农业农村部。

（一）对畜牧业发展产生的影响

1. 生猪养殖行业产生动荡

非洲猪瘟于 2018 年 8 月 3 日首次在我国确诊以来，给我国生猪养殖行业产生了重大影响。养殖户在疾病防控方面做出大量的防控举措，投入大量人力、财力、物力，使养猪成本相对提高；与此同时，人们对非洲猪瘟产生惧怕心理，消费者出现心理恐慌，选择用其他肉制品代替猪肉，消费水平降低，使猪肉需求量下降，迫使猪肉价格低迷。这对生猪养殖业从生产到销售整个环节产生巨大影响，整个行业不景气，使生猪养殖行业产生动荡。

2. 畜牧经济一度萧条

由于非洲猪瘟在我国的确诊和传播使生猪养殖行业产生动荡，一些规模小的、不规范的养殖户经不起冲击，纷纷破产或倒闭，使生猪供应链条发生断层。一些养猪专业户开始转向养鸡、牛、羊养殖业，从事实上改变了中国养殖业的格局，影响了畜牧经济的发展，使畜牧经济一度陷入萧条景象。

（二）应急防控现状

各地政府在 2018 年疫情发生后都迅速制定并采取了一系列非洲猪瘟应急方案。2019 年农业农村部印发《非洲猪瘟疫情应急实施方案（2019 年版）》，具体方案简化内容如表 5 – 9 所示。首先是疫情的报告与确认，若有野猪、生猪不正常病症或死亡情况一经发现，应迅速上报至当地动物疫病防控机构、畜牧兽医主管部门或者动物卫生监督机构；其次是明确了非洲猪瘟疫情的应急处置措施，包括疑似疫情或确诊为非洲猪瘟疫情后的应急处置；再次是规定了面对非洲猪瘟疫情时应该采取的措施，主要包括疫区内以及疫点内应采取的措施、虫媒和野猪的控制、对疫区封锁的解除和恢复生产以及扑杀补助；最后是抚恤补助。

表 5 – 9　　　　　　　　　　2019 年非洲猪瘟应急方案

疫情报告与确认	生猪、野猪异常死亡等情况向有关部门的汇报	
应急处置	疑似疫情的应急处置	隔离、监视以及采样检测
	确诊为非洲猪瘟疫情后的应急处置	追溯追踪调查，启动相应级别应急响应

续表

疫情报告与确认	生猪、野猪异常死亡等情况向有关部门的汇报	
采取措施	疫点内	停止生猪屠宰活动；消毒，严禁易感动物相关产品调出和出入，扑杀，无害化处理
	疫区内	隔离（养殖户），扑杀，停止生猪屠宰活动，样品送检
	野猪和虫媒的控制	避免饲养的生猪与野猪接触，杀灭钝缘软蜱等虫媒
	解除封锁和恢复生产	按规定后未出现新发疫情的，解除封锁令，恢复生产
	扑杀补助	中央财政和地方财政按比例承担扑杀补助经费
抚恤补助	因防控工作死亡、致残、致病的工作人员，给予相应的抚恤和补助	

资料来源：根据公开资料整理。

此方案有效避免了疫情的继续扩散和传播，个别地区公安机关已经启动司法程序，对违规贩卖疫病猪肉的人员进行抓捕控制，有效打击了不法分子的投机取巧行为。一些疫情暴发区附近地区安排市场专业监管人员对农贸市场不停地进行巡查，通过审查相关检疫证明以及肉制品合格证明等措施，避免来自疫区的猪肉制品进入农贸市场，随后又针对非洲猪瘟的防控机构进行改革。

如图5-6所示，机构改革后国家一级动物疫病防控主要由农业农村部相关工作部门承担，对重大动物疫情的职责进行风险评估，通过风险评估来确定农民、企业及其他相关人群面临对疫情的抵御风险能力，然后根据风险评估的结果，及时制定和发布相应的预防和控制措施。省、市、县农业行政主管部门统一领导猪瘟防控工作，负责生猪及猪产品检疫和猪瘟防控的监督管理工作。

自2018年8月以来，我国采取的非洲猪瘟防控措施有效有力，实施公开透明的防控管理制度，将非洲猪瘟疫情暴发所产生的损害降到了最低程度。我国食品工业发展保持着较稳定的增长速度，但食品安全问题仍然是食品行业发展的重要关注点。因此为了提升食品质量安全保障水平，近年

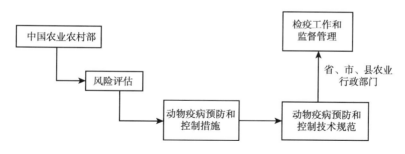

图 5 - 6　应急预案机构

来国家层面出台了多项监管政策，不断加大对食品安全检验管理体系的重视程度。目前我国现有与动物性食品相关的法律法规文件较多（如表 5 - 10 所示）。

表 5 - 10　　2018—2020 年 6 月中国食品安全相关政策汇总

法律法规	发布机关	时间
《中华人民共和国食品安全法》	全国人大常委会	2018 年 12 月
《中华人民共和国产品质量法》		
《中华人民共和国农产品质量安全法》		2018 年 10 月
《国务院办公厅关于推进奶业振兴保障乳品质量安全的意见》	国务院	2018 年 6 月
《中华人民共和国进出口商品检验法（修正）》	全国人大常委会	2018 年 4 月
《中华人民共和国国境卫生检疫法》		
《关于印发 2019 年食品安全重点工作安排的通知》	国家市场监督管理总局	2019 年 5 月
《关于规范使用食品添加剂的指导意见》		
《关于落实主体责任强化校园食品安全管理的指导意见》		2019 年 6 月
《关于加强调味面制品质量安全监管的公告》	国家市场监督管理总局、教育部、国家卫健委、公安部	2019 年 12 月
《关于加强冷藏冷冻食品质量安全管理的公告》	市场监管总局	2020 年 2 月
《关于加强食品生产加工小作坊监管工作的指导意见》		2020 年 3 月
《进出口食品安全管理办法（征求意见稿）》	海关总署	2020 年 6 月

资料来源：根据公开资料整理。

同时，北京、江苏、湖南、黑龙江等各地方政府也纷纷响应中央指示，相继出台食品安全工作计划，并出台多项措施加强食品安全工作（如表 5-11 所示）。

表 5-11　　2020 年我国部分地方政府食品安全工作计划

地区	政策文件	主要内容
北京市	《北京市 2020 年食品药品安全重点工作安排》	明确要求严查活禽、野生动物非法交易，组织做好蔬菜、畜禽等生产供应，加强支持保障，助力企业复工复产；以生产日期、保质期的标注方式为重点，加强食品标签标识管理；督促生产经营企业落实保健食品标签警示用语要求，清理保健食品虚假标注、夸大功效等违法违规行为；开展禁用农药兽药及非法添加物治理，实施兽用抗菌药减量化试点工作；推进校园及养老机构食品安全守护行动和餐饮质量安全提升行动；督促学校落实食品安全主体责任，加强校园食品安全智慧监管；全面提升餐饮业食品安全、环境设施、文明服务和规范管理水平
江苏省	《2020 年江苏省食品安全重点工作安排》	明确以"食品安全放心工程建设十大攻坚行动"为抓手，即聚焦食品安全突出问题，推进农药兽药使用减量和产地环境净化提升行动、国产婴幼儿配方乳粉提升行动，推进标准制定专项行动，持续推进"双安双创"示范引领行动，开展保健食品行业专项清理整治行动，推进农村假冒伪劣食品治理行动，推进进口食品"国门守护"行动，推进校园食品安全守护行动，推进餐饮质量安全提升行动，推进"优质粮食工程"行动，着力推动江苏省食品安全现代化治理体系建设，为推进高质量发展、建设"强富美高"新江苏筑牢食品安全防线
黑龙江省	《黑龙江省 2020 年食品安全重点工作安排》	要求全省各地严格落实年度食品安全重点工作任务，要加强疫情防控期间食品安全风险管控，规范标签标识管理，实施质量兴农计划，加快标准制修订，加强生产销售环节监管，加大监督抽检力度，严厉打击违法犯罪；要大力推进农药兽药使用减量、校园食品安全守护、餐饮质量安全提升、婴幼儿配方乳粉质量提升、优质粮食工程、"双安双创"示范引领等行动
广西壮族自治区	《2020 年全区食品安全重点工作安排》	明确要求做好疫情防控期间食品安全工作，坚持监管和服务并重，严格落实细疫情防控措施，继续支持和推动食品生产经营企业复工复产；推进农贸市场、食品生产经营、餐饮场所环境卫生大清洁行动，从源头上控制疾病的发生与传播；全面落实禁止非法野生动物交易规定，依法打击野生动物违规交易行为；严格落实保健食品标签标注警示用语规定，规范企业保健食品营销行为，规范保健功能声称；深入实施农药兽药使用减量行动；深入实施校园食品安全守护行动和餐饮质量安全提升行动

续表

地区	政策文件	主要内容
重庆市	《重庆市重大活动食品安全监督管理实施细则（试行)》	加强采购和进货查验管理，落实索证索票和台账登记制度，确保所使用的食品、食品添加剂和食品相关产品符合食品安全标准
深圳市	《食品安全督导员管理办法》	对于食品安全督导员的配备已明确的四个重点：一是责任主体是区人民政府，二是食品安全督导员可以是专职或者兼职的，三是食品安全督导员的工作是协助执法人员开展食品安全监督管理工作，四是食品安全督导员所需经费由区财政予以保障
金华市	《印发 2020 年金华市食品安全工作要点》	计划强化责任意识，健全食品安全责任体系；注重能力建设，全面提升全程管控治理能力；加强风险管控，切实防范重大监管治理风险；推广创新应用，大力推进数字化转型管理；组织专项行动，着力巩固重点区域环节食品安全

资料来源：根据公开资料整理。

除此之外，我国各地区省份地方政府 2019—2020 年也采取并推进与食品安全相关的举措（如表 5 - 12 所示）。

表 5 - 12　2019—2020 年我国部分地方政府推进食品安全建设的相关举措

地区	相关举措
福建省	2019 年，省级财政安排 173 亿元，并争取中央财政 4 214 万元，集中用于支持全省各地食品安全监管能力建设、食品安全抽检和风险监测、专项整治与检查执法以及质量安全可追溯体系建设等
云南省	2019 年 9 月中旬起，省食品安全委员会办公室、市场监管、公安、教育、农业农村等 15 个部门联合开展整治食品安全问题联合行动
黑龙江省	2019 年 10 月印发《农村食品安全风险隐患清单》，规范农村食品市场秩序，提升农村食品安全水平
陕西省	2020 年 1 月印发《关于深化改革加强食品安全工作的若干措施》，并将开展十大行动推进全省食品放心工程建设
深圳市	2020 年 1 月，深圳市市场监管局发布食品安全"互联网＋监管"系统：这系统由"互联网＋明厨亮灶""移动监管 App""扫码看餐饮单位"等重点项目组成，有助于提升食品安全监管效能，保障市民知情权、监督权，营造放心消费的经济环境
湖南省	2020 年 3 月印发《湖南省 2020 年食品安全重点工作安排》，内容包括完善食品安全治理体系、实施食品安全放心工程建设十二大攻坚行动等方面

资料来源：根据公开资料整理。

（三）国际支持现状

在动物食品安全保障体系的建设上，2007年世界动物卫生组织（OIE）第75届国际委员会大会通过决议，决定中国恢复行使在OIE的法律权利和义务。此后，中国继续与世界动物卫生组织开展一系列合作，取得丰硕成果。目前，世界动物卫生组织在亚太地区有32个成员，已成为确保我国动物食品安全的一支很好的主力军。2014年第82届世界动物卫生组织国际大会后，中国积极参与了世界动物卫生组织国际动物卫生标准体系的修订工作。截至2018年，中国有18家兽药实验室被世界动物卫生组织确定为国际参考实验室，为我国动物疫病防控提供了有力支持。在保障畜禽食品质量安全的同时，我国大力发展国民经济，增加农民收入，提高人民生活水平，目前肉类已经成为我国居民常见的消费食品，人们对肉类产品有很高的需求，因此会越来越关注、支持和配合确保动物性食品安全相关的工作。

二、H7N9 疫情

在2013年5月22日全国范围内的疫情监测中，共发现53份H7N9禽流感阳性病毒，其中包括江西、上海、安徽、山东、浙江、江苏、广东、河南和福建的18家活禽场发现的51份阳性H7N9禽流感病毒；另外2份分别来自江苏省南京市的野鸽样本和江苏省南通市海安县的鸽农。2016年底和2017年初，H7N9病毒发生突变，突变出一种高致病性菌株，其死亡率很高，对家禽养殖业造成了巨大的损害。

2017年3月19日湖南省永州市发现部分养殖户饲养的蛋鸡出现H7N9禽流感症状，发病数为29 760只，死亡数为18 497只，病死率达到62.15%；2017年4月28日，河北省邢台市一养殖场饲养的蛋鸡监测出现H7N9禽流感症状，发病数为8 500只，死亡数为5 000只，病死率为

58.82%；2017 年 5 月 3 日，河南省平顶山市兽医部门在监测中发现部分养殖场的蛋鸡出现禽流感症状，发病数为 7 500 只，死亡数为 5 770 只，病死率为 76.93%；2017 年 5 月 13 日，天津市武清区发现蛋鸡感染 H7N9 禽流感疫情，发病数为 10 000 只，死亡数为 6 000 只，病死率为 60%；2017 年 5 月 23 日陕西省榆林市发现蛋鸡感染 H7N9 疫情，死亡数为 22 000 只；2017 年 5 月 31 日内蒙古自治区呼和浩特市发现蛋鸡感染 H7N9 疫情，发病数为 59 556 只，死亡数为 35 526 只，病死率为 59.65%；2017 年 6 月 5 日内蒙古自治区包头市发现蛋鸡感染 H7N9 疫情，发病数为 3 850 只，死亡数为 2 056 只，病死率为 53%；2017 年 6 月 10 日黑龙江省双鸭山市发现蛋鸡感染 H7N9 疫情，发病数为 20 150 只，死亡数为 19 500 只，病死率为 97%；2017 年 8 月 17 日，安徽省滁州市发现肉鸡感染 H7N9 疫情，发病数为 1 368 只，死亡数为 910 只，病死率为 67%。2017 年 3—8 月我国部分省市家禽感染 H7N9 疫情具体情况如表 5 - 13 所示。

陕西省铜川市 2018 年 2 月 17 日发生 H7N9 型蛋鸡疫情，病死率为 81%。2019 年 3 月 25 日，辽宁省锦州市动物园观赏孔雀出现 H7N9 疫情症状，后被诊断为 H7N9 禽流感疫情。除此之外在 2017 年至 2019 年初，部分地区的家禽也出现了 H7N9 禽流感疫情症状并被确诊。

表 5 - 13　　2017 年 3—8 月我国部分省市家禽感染 H7N9 疫情

序号	时间	地点	发病数（只）	死亡数（只）	病死率（%）
1	2017 年 3 月 19 日	湖南省永州市	29 760	18 497	62.15
2	2017 年 4 月 28 日	河北省邢台市	8 500	5 000	58.82
3	2017 年 5 月 3 日	河南省平顶山市	7 500	5 770	76.93
4	2017 年 5 月 13 日	天津市武清区	10 000	6 000	60
5	2017 年 5 月 23 日	陕西省榆林市	——	22 000	——
6	2017 年 5 月 31 日	内蒙古自治区呼和浩特市	59 556	35 526	59.65
7	2017 年 6 月 5 日	内蒙古自治区包头市	3 850	2 056	53
8	2017 年 6 月 10 日	黑龙江省双鸭山市	20 150	19 500	97
9	2017 年 8 月 17 日	安徽省滁州市	1 368	910	67

资料来源：农业农村部。

从表 5 – 13 可以看出，家禽感染 H7N9 禽流感的情况仍然比较严重，一旦发生疾病，病死率约为 60%，具体如图 5 – 7 所示。

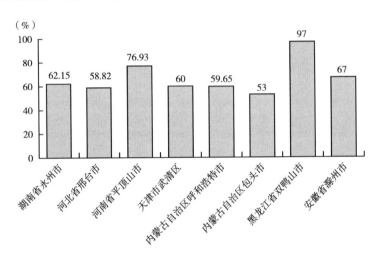

图 5 – 7　2017 年 3—8 月我国部分省市家禽感染 H7N9 疫情病死率

资料来源：农业农村部。

（一）H7N9 疫情对我国畜牧业的影响

1. 对家禽业的影响

H7N9 流感亚型对家禽业的影响是巨大的。在流感爆发后的短短一周内，全国平均鸡蛋价格下跌了 10%，从平均 8 元/千克到 7.2 元/千克。在随后的流感期间，鸡蛋价格保持低位，低至 5.9 元/千克，与历史上最好的时期相比下降了 40% 以上。然而，总的鸡蛋产量变化不大。以菏泽市牡丹区为例，截至 2013 年 5 月底，全区蛋品总产量为 6 000 万吨，较 2012 年底下降 0.9%。畜禽存栏量明显减少，肉禽养殖受到较大影响，部分农户直接放弃了肉禽养殖。截至 5 月底，菏泽市牡丹区畜禽存栏 710.45 万只，比 2012 年底下降 10.2%。H7N9 亚型流感流行期间，活禽价格，特别是禽苗价格受到的冲击最大。直接出售的家禽种苗价格从每只 3 元到 4 元下降到 1 元左右。在最严重的时期，甚至没有人付款，养鸡场的损失非常严重。

2. 对猪牛羊饲养业的影响

H7N9 亚型流感对猪肉价格影响显著。在其流行期间，由于流感和淡季消费的双重影响，猪肉价格下降了 7% ~ 15%。H7N9 亚型流感的影响导致家禽消费量下降，消费量向牛羊肉转移。牛羊肉价格大幅上涨，平均涨幅约 8%。

（二）疫情防控现状

目前，高致病性和低致病性 H7N9 流感病毒毒株仍存在，污染范围仍较大。我国家禽具有养殖品种多的特点，家禽养殖场（户）动物疾病防控技术和水平相对较低；鲜食屠宰、活禽销售的普遍现象依然存在，销售现场卫生管理水平和交易环境意识普遍薄弱。H7N9 禽流感病毒从活禽市场向农场传播的风险很高。禽鸟分布广、迁徙范围大、数量多且难以控制，使 H7N9 病毒通过跨禽种、跨地区途径感染的风险增加，整体控制压力较大，效果较低。

（三）防控组织机构

中国动物疫病预防控制中心成立于 2006 年，是农业农村部直属事业单位，局级领导职位 5 个。

国务院印发《关于推进兽医体制改革的意见》后，我国重大动物疫病防控机构逐步统一制度。明确 H7N9 禽流感疫情防控机构的岗位，有利于机构开展具体工作。内部组织的建立有利于动物疫病预防控制机构职能职责的合理划分。具体情况如图 5 - 8 所示。

（四）H7N9 疫病防控政策及措施

1. 制定了绩效评估的实施方案

为贯彻落实国务院和党中央关于"三农"工作的要求，做好 2018 年左右的重大动物疫病防控延伸绩效管理工作，2018 年农业农村部以实施具

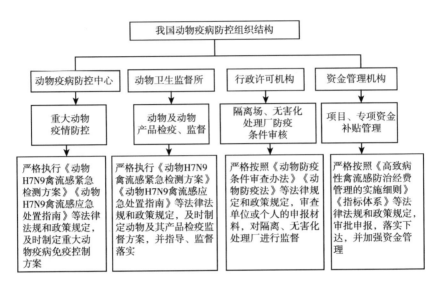

图 5 - 8   我国动物疫病防控组织结构

体工作拓展绩效管理为基础，在分配绩效评价指标体系的基础上，制定全国重大动物疫病防控延伸绩效管理实施方案。

2. 制定了补偿政策

按照要求，用于动物防疫等工作的资金主要用于养殖环节动物疫病的强制免疫、强制扑杀、无害化治疗三个方面的支出。地方政府必须按照《国务院办公厅关于建立病死畜禽无害化处置机制的意见》，制定 H7N9 病畜禽处置机制，按照"谁处理、补给谁"的原则，建立与养殖量、无害化处理率相挂钩的财政补助机制。强制扑杀补偿政策主要是针对国家实施的 H7N9 禽流感病毒防控和根除过程中履行强制扑杀责任的家禽补贴业主。强制扑杀补偿政策的资金主要由地方和中央政府分担。该政策主要用于推进强制性 H7N9 疫苗的采购、储存、注射、免疫效果评估、员工防护等相关防控工作。

3. 实施屠宰和扑杀措施

根据《动物 H7N9 禽流感应急处置指南》相关内容，当家禽种群中出现 H7N9 亚型禽流感病毒感染症状且血液检测呈阳性时，对全部或部分一组个体感染的家禽采取强制扑杀措施，对感染畜禽群的内外环境采取严格的消毒措施。同时，立即关闭易受动物感染的屠宰场或交易市场。屠宰场或交易市场的开放，必须经过有关部门和省级兽医主管部门的联合评估和分析，才能确定其资质。

（五）H7N9 流感防控知识宣传工作

每年，农业农村部组织全国兽医部门对家禽 H7N9 流感防控人员进行 H7N9 防控技术培训，包括防控知识、监测技术、实验室检测技术等。卫健委定期培训医务人员，增强自身"四早"（早发现、早报告、早诊断、早治疗）的意识和能力，把握"四坚持"（集中患者、集中专家、集中资源、集中救治）的核心宗旨，加强重症救治和早期诊治，努力减少畜禽集约化和死亡现象。此外，农业农村部多次发布动物疫情报告，如农民对 H7N9 禽流感的日常知识报告，劝说消费者理性对待家禽产品，科学预防 H7N9 禽流感。国家卫健委已采取多种措施宣传 H7N9 禽流感防控知识，以提高公民的自我防范意识和能力。

三、布鲁氏菌病

（一）布鲁氏菌病的危害

一是野生动物及其制品携带细菌和传播给人的现象经常发生，如搬运野猪的装卸工被感染。二是牲畜及其产品对人类具有高度传染性。三是暴露人群的数量很大。我国是牛羊生产大国，从事养殖业、屠宰业、饮食业、肉毛皮加工等多种产业（包括微生物实验室、疫苗生产厂家等相关产业）的有几千万人，分布广泛，感染的风险非常高。

（二）全球布鲁氏菌病流行态势

布鲁氏菌病是一种全球流行的人畜共患病，有 170 多个国家和地区报告了人类和动物流行病。由于布鲁氏菌感染具有低致死率，而且急性布鲁氏菌治疗和预后效果好，所以该病被世界卫生组织（WHO）列为7种被忽视的疾病之一，布鲁氏菌在牛、羊养殖量大的国家和地区普遍流行，高风险地区主要集中在经济不发达的地区，以及中东地区的牛、羊等穆斯林地区。羊病主要发生在亚洲、欧洲东北部、中东和南美洲南部。布鲁氏菌病主要见于亚洲、非洲东南部、南美洲、北美部分地区。西欧、北欧、加拿大、日本、澳大利亚和新西兰没有这种疾病。

（三）我国布病流行和防控情况

我国布鲁氏菌病的流行与防控总体可分为四个阶段（范卫星、2015；范卫星、邸东东、田丽丽，2013）。20世纪50年代到70年代是高峰时期。据1952—1981年30年不完全统计（刘炳阳，1989），全国检查牲畜约3 270万头，总阳性率为4.8%，绵羊和山羊阳性率为4.3%，奶牛阳性率为6.7%。在此期间，人类布鲁氏菌病的新病例数在1963年达到历史最高（12 000例）。20世纪80年代和90年代是基本控制的时期。从20世纪90年代到2000年是一个稳定的控制时期。国家采取"隔离＋淘汰"战略，牲畜布鲁氏菌病总阳性率由0.28%控制到0.09%，奶牛布鲁氏菌病阳性率由1987年的0.46%下降到1999年的0.1%。1992年，布鲁氏菌病的新病例达到历史最低，只有0.01/10万例（219例）。反弹期在2000年之后。2015年布鲁氏菌病新增病例数达到最高水平（56 989例），2016—2019年布鲁氏菌病新增病例数稳定在3.8万~4.7万例（公共卫生科学数据中心，2004—2017；中华人民共和国卫生和计划生育委员会，2018）。

四、案例分析反映的问题

（一）生产者和消费者信息不对称

由于食物本身的特点导致了信息不对称。消费者对食物的判断包括两个方面：一是通过食物外观是否完整良好、气味是否奇特来判断食物的色、香、味等物理特性；二是从食物的营养健康特点来判断，比如食物中含有一些有益的元素，以及食物搭配的营养和是否存在元素冲突。然而，食品在生产、加工、运输、储存等环节的安全特性是未知的，这表明消费者作为食品的最终"用户"，在信息获取方面处于不利地位。生产者和消费者在食品信息不对称问题上处于对立的两端，与消费者相比，生产者在生产和交易过程中处于主导地位，而消费者的知识结构决定了其对食品信息获取的难度。

（二）食品流通链条各环节的信息不对称

食品生产者，食品安全之源。农作物播种过程中是否有农药和添加剂，是否有类似"快鸡"的现象，奶源是否变质或过期，是否有疾病和家禽流入市场；在加工企业环节的中间环节，是否有食品添加剂、是否为了延长货架期而添加非食用物质；在卖方环节中，是否存在过期不告知消费者的现象；在食品交易过程中，各个转移环节之间存在信息不对称的问题，消费者无从知晓。在流动性频繁而灵活的市场中，信息不对称给食品安全带来了巨大隐患。

（三）政府与食品流通链条的信息不对称

在市场机制下，生产环节日益复杂，政府自身对食品的监管也比较滞后。首先，鉴于生产和流通环节的复杂性，政府部门本身存在职责重复交织、覆盖面有限等问题，这就导致了解决食品安全问题的滞后性和紧迫性。其次，经济的快速发展，市场的日益繁荣，新食物和旧产品不断更新，但食品安全测试是劳动力、技术、成本都要求很高的工作，食品安全部门本身并不完美，不断增长的市场形成了一个巨大的差距。最后，监管机构不能及时发布食品质量安全信息，消费者无法及时有效地获取，说明政府作为监管机构和消费者之间也存在食品安全信息不对称的问题。

第六章

动物性食品安全视角下中国
养殖户决策行为分析

第一节　我国养殖业基本情况

一、生猪养殖情况

受新冠肺炎疫情的影响，对于畜禽产业而言，2020 年是最严峻时期，危机与机遇并存。疫情对生猪市场的影响也十分突出：新冠肺炎疫情暴发后，各种防控措施在全国范围内实施，且覆盖面和力度不断加大。在生猪产业链的各个环节，包括饲料生产和运输、生猪出栏和补栏、屠宰加工、活猪和猪肉跨区域调运等，均在不同程度上受到复工推迟和区域隔离的负面影响。2020 年初面对来势汹汹的新冠肺炎疫情，我国各地对农业生产并未放松，生猪的生产也比预期情况好得多，重大动物疫情保持平稳。据农业农村部公开资料显示：2020 年 6 月末全国具备繁殖能力的母猪存栏为 3 629 万头，首次同比由负转正，较前一年年底相比增加 549 万头，并恢复到 2017 年年末的 81.2%；生猪存栏量与前一年同期水平相比较为接近，达到 3.4 亿头，比前一年年底增加 2 929 万头，存栏量与 2017 年相比，相当于其年末的 77%（如图 6 - 1 所示）。

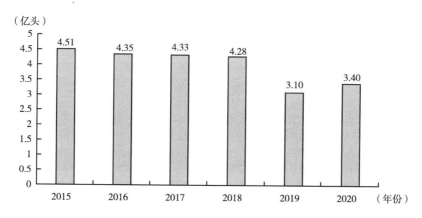

图 6-1　2015—2020 年我国生猪存栏量

资料来源：农业农村部。

从生猪出栏情况可以看出：2020 上半年全国生猪出栏量降幅较第一季度收窄 10.4 个百分点，共出栏 25 103 万头；猪肉产量降幅收窄 10 个百分点，共产出 1 998 万吨。家禽、草食畜牧业加快发展，牛羊禽肉产量同比增长 3.4%，产量为 1 491 万吨；牛奶、禽蛋产量同比增长分别为 7.9% 和 7.1%，对满足市场需求有比较明显的趋势（如图 6-2 所示）。

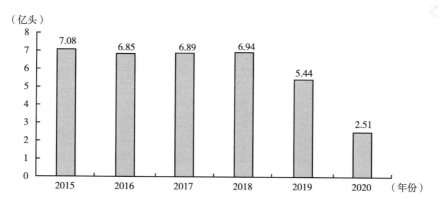

图 6-2　2015—2020 年我国生猪出栏量

资料来源：农业农村部。

二、家禽养殖情况

我国是家禽养殖生产大国，作为我国畜牧业的基础性产业，家禽养殖已成为我国农村经济中最活跃的增长点和主要的支柱产业。近年来，家禽养殖效益趋势向好，随着家禽产品价格持续上涨，我国家禽饲养规模也持续扩大。根据国家统计局数据整理显示：2019 年全国家禽出栏量增长 11.9%，比 2018 年增加 15.52 亿只，共出栏 146.41 亿只（如图 6 - 3 所示）；全国家禽存栏量增长 8.0%，同比增加 4.85 亿只，共存栏 65.22 亿只。

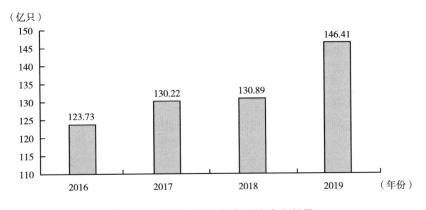

图 6 - 3　2016—2019 年我国家禽出栏量

资料来源：国家统计局。

从家禽肉产量角度看：禽肉是城乡居民蛋白质消费的主要来源。目前，禽肉消费量已取代牛肉，成为世界第二大肉类消费量，由于禽肉类的价格较其他肉类价格来说较低，消费者普遍认为禽肉的安全系数较高，这使它的消费速度快速增长。根据国家统计局数据整理显示，2019 年中国禽肉产量 2 239 万吨，增长 245 万吨，增加了 12.3%（如图 6 - 4 所示）。随着老百姓肉类产品消费结构的升级，禽肉消费量将持续处于上升趋势。

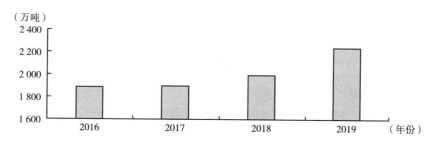

（万吨）

图 6-4　2016—2019 年我国禽肉产量

资料来源：国家统计局。

第二节　问卷设计与来源

一、问卷的设计原则

为进一步了解动物疫情突发情况下影响养殖户决策行为的因素，并以突发动物疫情为例进行调研，问卷设计主要针对突发动物疫情下，养殖户对动物疫情认知及防控情况，例如动物疫情突发时期养殖动物疫苗注射频率、家禽舍清扫频率以及周边发生非洲猪瘟时的处理手段等。构建 Logit 计量模型，可以对我国养殖户在动物疫情突发下的行为决策进行分析。

二、数据来源

我国动物疫情突发下养殖户的行为决策调研数据分别来自四川、山西、山东、安徽、北京、吉林、黑龙江、贵州、重庆、河北等 17 个省（区、市）。

调查去除无效问卷，共剩余 300 份有效问卷，其中山东、新疆、江苏、北京分别占比为 19.67%、18.67%、20%、20.67%，问卷数量分布如

图6-5所示。

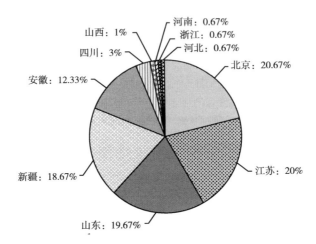

图6-5 养殖户问卷数量分布

资料来源：根据问卷数据整理所得。

第三节 养殖户对动物疫情认知及行为特征

一、养殖户动物疫情认知情况

(一) 养殖户对动物疫情的了解程度

回收的300份有效问卷中，以近两年发生的非洲猪瘟为例，养殖户对非洲猪瘟疫病的了解程度如图6-6所示，问卷中149人表示对非洲猪瘟疫病有所了解，占比为49.67%。

尤其针对疫病（如非洲猪瘟）的症状与病毒传播途径的了解程度进行了调查，结果如表6-1所示，300份问卷中，有所了解但了解程度不高的养殖户有148人，占比为49.33%；完全不了解的养殖户仅有3人，占比为1%。

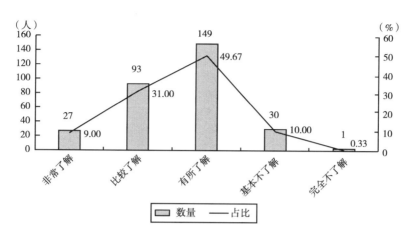

图 6 - 6　养殖户对疫情认知情况

资料来源：根据问卷数据整理所得。

表 6 - 1　养殖户对疫病（如非洲猪瘟）症状与病毒传播途径的认知情况

了解程度	数量（人）	占比（%）
非常了解	26	8.67
比较了解	89	29.67
有所了解	148	49.33
基本不了解	34	11.33
完全不了解	3	1.00

资料来源：根据问卷数据整理所得。

而在养殖户对疫情了解程度与养殖户的养殖规模交叉分析中可知，对疫情基本不了解或完全不了解的养殖户规模大都是 100 只/头以下或是 100～500 只/头之间，如图 6 - 7 所示。养殖规模越大的养殖户，对非洲猪瘟的了解程度越高，这也和养殖规模越大所面临风险越大，养殖户对疫情信息的关注程度越大有关。

（二）养殖户对动物疫情造成后果的认知

在养殖户对动物疫情造成的后果有什么样的认知问题上，300 份问卷中，有 141 人认为只要有疫苗、药物的注射，就能及时控制疫情的蔓延；

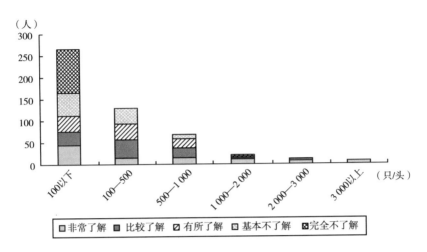

图 6 - 7　养殖户疫情了解程度与养殖规模交叉分析

资料来源：根据问卷数据整理所得。

有 116 人认为如果防控不及时，会具有严重的社会危害性；仅有 43 人认为疫情仅会危及自身养殖场，不会对其他养殖场造成影响（如图 6 - 8 所示）。关于养殖户对动物疫情造成后果的这三方面的认知情况占比如图 6 - 9 所示，认为只要有疫苗、药物的注射，就能及时控制疫情蔓延的养殖户占比为 47%；认为如果防控不及时，会具有严重的社会危害性的养殖户占比为 38.67%；认为疫情仅会危及自身养殖场，不会对其他养殖场造成影响的养殖户占比为 14.33%。这也侧面表示若是突发重大动物疫情，大多数

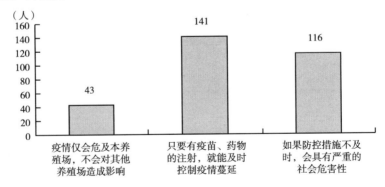

图 6 - 8　养殖户对动物疫情造成后果的认知情况

资料来源：根据问卷数据整理所得。

养殖场所对疫苗和药物的期许很高，反映了疫苗和药物在重大动物疫情防控中的重要性。

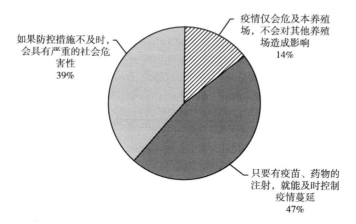

图 6 - 9　养殖户对疫情后果认知的占比情况

资料来源：根据问卷数据整理所得。

二、养殖户对防控影响因素的认知

（一）养殖户对兽医水平影响程度的认知

养殖户对于兽医水平对疫情防控程度影响的认知情况如图 6 - 10 所示，几乎所有被调研的养殖户都认为我国的兽医水平对我国突发动物疫情的防控起到明显的影响作用。

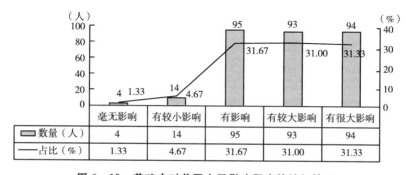

	毫无影响	有较小影响	有影响	有较大影响	有很大影响
数量（人）	4	14	95	93	94
占比（%）	1.33	4.67	31.67	31.00	31.33

图 6 - 10　养殖户对兽医水平影响程度的认知情况

资料来源：根据问卷数据整理所得。

（二）养殖户对政府防控能力影响程度的认知

从三个方面研究养殖户对政府防控能力影响程度的认知。一是疫情发生时养殖户对政府采取的紧急免疫措施影响程度；二是养殖户对政府开发相关兽药及疫苗力度的影响程度；三是疫情发生时养殖户对政府疫情控制能力的影响程度。从调研问卷的结果来看，针对养殖户对政府紧急免疫措施影响程度的认知，117 位养殖户认为疫情发生时政府紧急免疫措施对动物疫情防控有很大影响，占比为 39%（如表 6 - 2 所示）。

表 6 - 2　　　　　　养殖户对政府防控能力影响程度的认知情况

影响程度	政府紧急免疫措施		政府开发兽药及疫苗力度		政府疫情控制能力	
	数量（人）	占比（%）	数量（人）	占比（%）	数量（人）	占比（%）
毫无影响	2	0.67	4	1.33	2	0.67
有较小影响	8	2.67	11	3.67	11	3.67
有影响	96	32.00	77	25.67	80	26.67
有较大影响	77	25.67	100	33.33	97	32.33
有很大影响	117	39.00	108	36.00	110	36.67

资料来源：根据问卷数据整理所得。

三、养殖户的防控行为

（一）养殖户动物疫苗注射行为特征

在养殖户疫苗注射频率行为决策特征与养殖户养殖场所的经营模式特征的交叉分析中，可知问卷中的 129 份独立养殖模式所采取的疫苗注射频率较多样化，其中采用 1 周 1 次的注射频率的养殖户较多，其次为半年 1 次、1 个月 1 次、半个月 1 次、不注射和 1 年 1 次，数量分别为 22 人、20人、17 人、15 人和 8 人，调研问卷中，采用合作社养殖模式的养殖户没有不注射疫苗的现象；其他模式的数量较少，仅有 3 人，其中 2 人选择不注射疫苗，1 人显示半个月注射 1 次（如图 6 - 11 所示）。

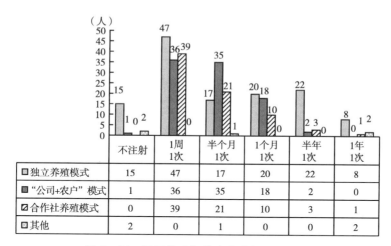

	不注射	1周1次	半个月1次	1个月1次	半年1次	1年1次
☐独立养殖模式	15	47	17	20	22	8
■"公司+农户"模式	1	36	35	18	2	0
▨合作社养殖模式	0	39	21	10	3	1
☐其他	2	0	1	0	0	2

图6–11　不同养殖规模疫苗注射频率特征

资料来源：根据问卷数据整理所得。

（二）养殖户禽舍清扫消毒行为特征

将养殖户的养殖种类和禽舍清扫消毒频率情况进行交叉分析，所得结果如图6–13所示，养殖种类不同，养殖户进行禽舍清扫消毒的频率不同。养殖种类为肉鸡的养殖户共有22人，每天都进行清扫消毒的养殖户占比为81.82%，由图6–12可以看出畜禽养殖户禽舍清扫情况相对良好。

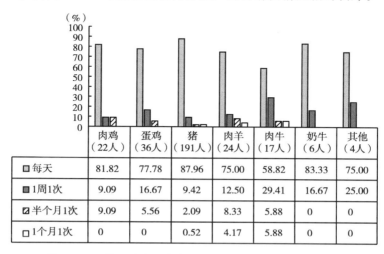

	肉鸡（22人）	蛋鸡（36人）	猪（191人）	肉羊（24人）	肉牛（17人）	奶牛（6人）	其他（4人）
☐每天	81.82	77.78	87.96	75.00	58.82	83.33	75.00
■1周1次	9.09	16.67	9.42	12.50	29.41	16.67	25.00
▨半个月1次	9.09	5.56	2.09	8.33	5.88	0	0
☐1个月1次	0	0	0.52	4.17	5.88	0	0

图6–12　养殖种类和禽舍清扫消毒频率的交叉分析情况

资料来源：根据问卷数据整理所得。

（三）养殖户强制扑杀行为

如图 6-13 所示，假如周边发生非洲猪瘟疫情时，政府要去强制扑杀，有 114 位养殖户认为如果政府的补偿政策不能兑现，则暂时不扑杀，占比为 38%；有 106 位养殖户面对非洲猪瘟的严重疫情，选择无条件扑杀全部，就地掩埋或丢弃，占比为 35.33%；另有 56 位养殖户选择立即屠宰全部，占比为 18.67%；仅有 24 位养殖户选择绝不主动去扑杀拿补偿，占比为 8%。

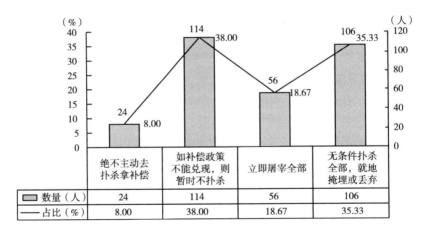

	绝不主动去扑杀拿补偿	如补偿政策不能兑现，则暂时不扑杀	立即屠宰全部	无条件扑杀全部，就地掩埋或丢弃
▨ 数量（人）	24	114	56	106
— 占比（%）	8.00	38.00	18.67	35.33

图 6-13　养殖户强制扑杀行为情况

资料来源：根据问卷数据整理所得。

当疫情暴发时，养殖户配合扑杀养殖动物数量的占比也不同，如图 6-14 所示，绝大部分养殖户仅选择扑杀少量的畜禽，171 位养殖户配合扑杀数量在 0~30% 之间，占比为 57%；78 位养殖户配合扑杀数量在 31%~50% 之间，占比为 26%；38 位养殖户配合扑杀数量在 51%~80% 之间，占比为 12.67%；仅有 13 位养殖户配合扑杀数量在 80% 以上，占比仅为 4.33%。

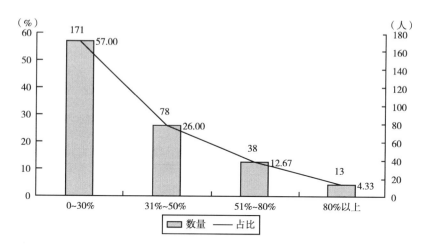

图 6 - 14　养殖户配合扑杀数量情况

资料来源：根据问卷数据整理所得。

四、养殖户认知及防控行为分析

（一）防控意识淡薄

虽然我国养殖户在不断增加，但大多数养殖人员仍然是农民，其文化水平不够高，对动物疫病不是很了解，更不知道如何进行动物疫病的防控。养殖户普遍认为动物疫病只会影响动物，有的甚至昧着良心把已经生病的动物低价卖给商贩，以降低自己的损失，而忽视了动物疫情对人类的影响。

（二）环境不够卫生

对于大多数养殖户来说，把动物喂饱就行，而忽视了动物生长环境。要知道生长环境对动物生长及健康都有直接影响，脏乱差的环境非常容易滋生细菌和病毒，养殖户没有定期清理消毒的意识，使养殖场内存在很大的安全隐患，极易发生动物疫病。

（三）养殖档案不完备

部分养殖户会对动物进行消毒，但在消毒后很少有人会及时做好消毒记录，以至于下次消毒时间不能合理安排。另外，养殖户对动物没有配备完善的档案，在动物注射疫苗后，不能及时做好记录，失去相应的用药数据，导致不能正确地掌握动物对疫苗的反应，甚至有可能导致动物死亡。

第四节 养殖户行为决策的主要影响因素的 Logit 模型及其分析

一、样本基本情况

动物养殖户作为市场上动物性食品的生产主体，他们在疫情突发下的行为决策直接影响到整个动物性食品产业链上的产品质量安全等级，本节进一步了解动物疫情突发下影响动物养殖行为决策的因素，从而对动物性食品安全问题中动物养殖户的决策行为提出针对性的建议，保护养殖户利益。

调研数据来自四川、山西、山东、安徽、北京、吉林、黑龙江、贵州、重庆、河北等 17 个省（区、市），共获得 300 份有效问卷，其中北京占比 20.67%，江苏占比 20%，山东占比 19.67%，新疆占比 18.67%，安徽占比 12.33%。从被调查者的性别来看，男性养殖户主居多，为 199人，占比 66.33%，女性养殖户主较少，为 101 人，占比 33.67%（如表6-3 所示）。

表 6 - 3 养殖户及个人家庭特征信息描述性统计

变量名	分类指标	数量（人）	占比（%）
性别	男	199	66.33
	女	101	33.67
年龄	18~25 岁	27	9.00
	26~35 岁	62	20.67
	36~45 岁	99	33.00
	46~60 岁	90	30.00
	60 岁以上	22	7.33
学历	初中及其以下	89	29.67
	高中或中专	106	35.33
	大专或本科	86	28.67
	研究生及其以上	19	6.33
养殖种类	肉鸡	22	7.33
	蛋鸡	36	12.00
	猪	191	63.67
	肉羊	24	8.00
	肉牛	17	5.67
	奶牛	6	2.00
	其他	4	1.33
养殖规模	100 以下	111	37.00
	100~500	108	36.00
	500~1 000	59	19.67
	1 000~2 000	16	5.33
	2 000~3 000	3	1.00
	3 000 以上	3	1.00
养殖经营模式	独立养殖模式	129	43.00
	"公司+农户"模式	92	30.67
	合作社养殖模式	74	24.67
	其他	5	1.67

资料来源：根据问卷所得数据整理。

回收的 300 份有效问卷中，关于近 5 年来是否经历过动物疫情的问题上，有 254 份问卷显示经历过动物疫情，其中主要的疫病如图 6 – 15 所示，高热病占比 27%，口蹄疫占比 25%，猪瘟占比 23%，高致病性猪蓝耳病占比 18%，猪肺炎占比 7%。

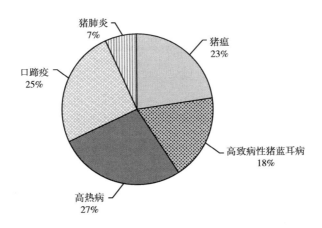

图 6 – 15 近 5 年主要动物疫病发生比例

资料来源：根据问卷所得数据整理。

二、养殖户防控意愿决策的 Logit 模型

（一）被解释变量

选取疫情突发下养殖户是否愿意采取疫情防控措施为因变量 V。为了能够准确分析疫情突发下影响养殖户防控意愿行为的因素，将被解释变量赋值为 1 或 0。愿意采取防控措施为 1，不愿意采取防控措施为 0。

（二）解释变量

将以下两个方面作为解释变量 M，一是养殖户个人及养殖基本特征，包括性别、年龄、学历、养殖规模以及养殖经营模式；二是养殖户对疫情以及政府政策的了解程度，包括对政府疫情防控政策的了解程度、疫病的传染速度、疫病的传播/传染方式以及自身的养殖防疫技术,变量说明以及赋值情况如表6-4所示。

表6-4 养殖户防控意愿决策的 Logit 模型变量及赋值

变量	符号	含义及赋值
防控意愿	V	愿意 = 1; 不愿意 = 0
性别	M_1	男 = 1;女 = 0
年龄	M_2	18~25 岁 = 1;26~35 岁 = 2;36~45 岁 = 3;46~ 60 岁 = 4;60 岁以上 = 5
学历	M_3	初中以及下 = 1;高中或大专 = 2;大专或本科 = 3; 研究生及其以上 = 4
养殖规模	M_4	<100 只/头 = 1; 100~500 只/头 = 2; 500~1 000 只/头 = 3; 1 000~2 000 只/头 = 4; 2 000~3 000 只/头 = 5; >3 000 只/头 = 6
养殖经营模式	M_5	独立养殖模式 = 1; "公司 + 农户" 模式 = 2; 合作社养殖模式 = 3; 其他 = 4;
对政府防控政策了解程度	M_6	非常了解 = 1;了解 = 2;一般 = 3;不了解 = 4;完 全不了解 = 5
疫病传染速度对防控影响程度	M_7	毫无影响 = 1;有较小影响 = 2;有影响 = 3;有较 大影响 = 4;有很大影响 = 5
疫病传播/传染方式对防控影响程度	M_8	毫无影响 = 1;有较小影响 = 2;有影响 = 3;有较 大影响 = 4;有很大影响 = 5
自身防疫技术对防控影响程度	M_9	毫无影响 = 1;有较小影响 = 2;有影响 = 3;有较 大影响 = 4;有很大影响 = 5

资料来源:根据问卷数据整理所得。

(三) 模型选择

因被解释变量养殖户防控意愿的决策行为 (V) 是虚拟的二分变量,

因此本研究以二元 Logsitic 回归模型对疫情突发下对影响养殖户防控意愿决策的因素进行分析。建立模型如下：

$$V_i = \alpha + \beta_1 M_1 + \beta_2 M_2 + \beta_3 M_3 + \beta_n M_n + \mu_i$$

上述公式中，V_i 表示第 i 个养殖户防控意愿的行为决策；M_n 则代表各个影响因素，包括性别、年龄、学历、养殖规模以及养殖经营模式，对政府疫情防控政策的了解程度、疫病的传染速度、疫病的传播/传染方式以及自身的养殖防疫技术；μ 表示随机干扰项。

三、影响养殖户防控意愿的因素分析

运用 EViews9 计量软件对 300 位养殖户有效问卷数据进行 Logistic 回归分析。其中 $R^2 = 0.7924466$，显著性统计值 Prob = 0，Prob（F − statistic）= 0.016378，评估结果表明模型 1 拟合度较高。模型评估结果得到其回归系数和显著性如下表 6 − 5 所示。

表 6 − 5　　　　　　　　模型 1 回归系数与显著性结果

解释变量	回归系数	显著性
M_1（性别）	1.154811	0.6471
M_2（年龄）	− 2.058650	0.0030
M_3（学历）	1.0656881	0.0142
M_4（养殖规模）	4.045459	0.0007
M_5（养殖经营模式）	0.006064	0.7031
M_6（对政府防控政策了解程度）	− 0.036295	0.0047
M_7（疫病传染速度对防控影响程度）	0.062288	0.0001
M_8（疫病传播/传染方式对防控影响程度）	0.021375	0.0673
M_9（自身防疫技术对防控影响程度）	2.011651	0.0039

其中，M_2（年龄）、M_5（养殖经营模式）、M_6（对政府防控政策了解程度）、M_7（疫病传染速度对防控影响程度）以及 M_9（自身防疫技术对防控影响程度）的显著水平在 5% 水平上，M_3（学历）、M_8（疫病传播/传染

方式对防控影响程度）的显著性在10%水平上。而 M_1（性别）和 M_5（养殖经营模式）的显著性均大于0.1，显著性不强，根据变量的显著特征，选取显著性较高的变量，删除显著性较低的变量，再次进行 Logit 回归处理。其中，$R^2 = 0.837165$，显著性统计值 Prob $= 0$，Prob（F - statistic）$= 0.024256$，表明模型拟合度非常高，回归模型2结果如表6-6所示。

表6-6　　　　　　　　模型2回归系数与显著性结果

解释变量	回归系数	显著性
M_2（年龄）	-1.632851	0.0031
M_3（学历）	1.538256	0.0342
M_4（养殖规模）	3.638168	0.0003
M_6（对政府防控政策了解程度）	-1.368213	0.0040
M_7（疫病传染速度对防控影响程度）	0.054264	0.0011
M_8（疫病传播/传染方式对防控影响程度）	0.110324	0.0673
M_9（自身防疫技术对防控影响程度）	2.241361	0.0051

第五节　小　　结

一、年龄对养殖户防控意愿的影响呈现负相关

这表明年龄越高的养殖户，在疫情突发时，其防控意愿较弱，而较年轻的养殖户，其接受疫情信息的渠道来源较多，对疫情防控所需要做的工作比年长的养殖户接受程度更快，对疫情的防控重视程度往往要比年长养殖户的重视程度大，因此随着问卷中养殖户年龄的增长，其偏向于不愿意进行疫情防控措施的概率较大。

二、学历对养殖户防控意愿的影响呈现正相关

这表明在疫情突发下，学历越高的养殖户愿意采取防控措施的概率越

高，其养殖方式更偏向于现代化，对待养殖更加理性，且更容易接受正确的与疫情有关的对策建议，对疫情的信息了解程度较强，对采取防控措施与否的风险评估更加准确，往往了解到的疫情信息的可信度较高，且更容易响应政府的政策号召，因此随着问卷中养殖户学历的提高，其偏向于采取防控措施意愿的概率较大。

三、养殖规模对养殖户防控意愿的影响呈现正相关

这表明在疫情突发下，养殖规模越大的养殖户愿意采取防控措施的概率越高，经调查发现，养殖规模越小的养殖户，认为其受疫情影响的程度不大，因此对采取防控措施的意愿较小。而养殖规模越大的养殖户，面对突发的动物疫情，所要面对的风险越大，养殖户为了规避这种较高风险，采取防控措施的意愿便更强烈，且越大规模的养殖场，具备的防控措施也较齐全，具有更好的采取防控措施的条件。因此随着问卷中养殖户的养殖规模越大，其偏向于采取防控措施意愿的概率较大。

四、养殖户对政府防控政策了解程度对养殖户防控意愿的影响呈现正相关

这表明养殖户对政府防控政策了解程度越高，在疫情突发时的防控意愿更强，这符合现实逻辑。从调研情况来看，当养殖户对政府的防控政策了解程度不够时，仅凭自己的经验难以正确做出合理的防控行为，尤其当政府防控处理时的补偿机制没有被养殖户接收到时，养殖户不愿自行扑杀来消减本身的利益。因此，随着问卷中养殖户对政府防控政策了解程度越低，其偏向于不愿意采取防控措施的概率较大。

五、养殖户所认为的疫病传染速度对防控影响程度的大小对养殖户防控意愿的影响呈现正相关

这表明当养殖户认为疫病传染速度对防控影响程度越大时，养殖户越愿意采取防控措施，这符合实际意义。养殖户为自身养殖场的利益考虑，当其认为疫病传染速度对防控影响程度较大时，尤其周围或自身养殖场所出现疫情，为保护自身养殖场所的利益，养殖户通常会采取一定的措施阻断疫病的传染，采取消毒或扑杀等防控措施。因此，随着问卷中养殖户所认为的疫病传染速度对防控影响程度越大时，其偏向于愿意采取防控措施的概率较大。

六、养殖户所认为的疫病传播/传染方式对防控影响程度的大小对养殖户防控意愿的影响呈现正相关

这表明当养殖户认为疫病传播/传染方式对防控影响程度越大时，其养殖场所面临的风险就越大，尤其当疫病的传播/传染方式较强，传播途径较广时，一旦其周围或自身养殖场所出现疫情，其养殖场将会遭受巨大的损失，养殖户为规避风险，保护自身养殖场所的利益，必定会采取强有力的防控措施来阻断传播/传染途径，并采取消毒或扑杀措施，将风险和损失降至最低。因此，随着问卷中养殖户所认为的疫病传播/传染方式对防控影响程度的大小对养殖户防控意愿的影响越大时，其偏向于愿意采取防控措施的概率较大。

七、养殖户所认为的自身防疫技术对防控影响程度的大小对养殖户防控意愿的影响呈现正相关

这表明当养殖户认为自身防疫技术对防控影响程度越大时，其采取防控措施的意愿也越大，符合实际意义。当养殖户自身防疫技术对防控影响

程度较大时，若养殖户自身防疫技术不足，一旦有疫情出现，养殖户采取防控措施不及时，或是防控力度不够，都会给养殖场带来巨大的利益损失。当养殖户的自身防疫技术较强，具备较强的防控条件，面对突发疫情也能很好地把握住防控时机，减少养殖场利益的损失。因此，随着问卷中养殖户所认为的自身防疫技术对防控影响程度的大小对养殖户防控意愿的影响越大时，其偏向于愿意采取防控措施的概率较大。

第七章

政府惩罚机制下动物源性食品
质量安全投入演化博弈分析

随着食品安全问题日益凸显，动物源性食品作为食品的重要组成部分，其安全问题已成为我国乃至世界亟待解决的难题。本章利用演化博弈理论研究了动物源性产品供应链上养殖户和企业对产品质量安全的投入行为决策，同时分析了政府惩罚机制下双方的动物源性产品质量安全的投入行为决策。

第一节　动物性食品企业的质量管理现状

一、食品生产企业生产规模较小，管理制度不完善

当前我国社会中部分食品生产企业规模较小，其在生产管理中对安全质量没有给予足够的重视，根据我国卫生部门调查研究报告，当前社会中有 80% 以上的食品生产企业来自于偏远地区，这些地区的食品生产企业通常是家庭式的作坊，在食品生产过程中存在管理人员的质量管理意识不足的问题，部分食品未达到我国卫生部门所制定的标准。同时部分食品生产企业的管理人员和负责人员也未接受过专业的安全质量管理知识培训，为

了应对政府部门的检查，在食品生产中建立的与企业发展相配套的质量管理体系，都只是在网上寻找一些相关的食品质量管理文件，或者直接从咨询公司拷贝过来，没有与该企业实际的生产管理有机结合，甚至部分食品生产企业的食品质量文件更存在着弄虚作假的行为。

二、食品生产企业的培训学习不足，人员能力存在缺陷

食品生产企业管理层的管理水平低，对《中华人民共和国食品安全法》和《食品生产许可管理办法》等法律法规不熟，不能与时俱进学习新的法律法规，也未制定严格有效的员工培训制度，无法有效开展内部培训，导致员工的个人素质难以跟上企业所制定的高标准生产流程。同时由于部分生产人员的文化程度普遍较低，对企业所制定的质量管理理念难以接受，如果生产人员只是根据已有的经验进行食品生产，那么很容易在食品生产中出现安全问题。

三、食品生产企业的内部管理机制不够健全，制度执行存在差距

食品企业安全生产的内部管理机制不健全，这使企业在扩大生产经营过程中没有完善的经营管理体制提供保障。一旦食品企业在经营过程中出现安全质量问题，企业内部的相关负责人员便会相互推卸责任，由于企业中缺少相应的监管部门进行责任监管，导致食品生产中各个职权部门之间的职责区分度较差，难以做好食品生产协调工作。

第二节 模型基本假设与构建

本章博弈双方为动物养殖户和动物性食品企业两个有限理性的经济个

体，有限理性是指在一定限制下介于非完全理性和完全理性之间的理性。动物源性食品动物养殖户和企业之间的策略在初始阶段并未达到最优效果，在之后不断的尝试与探索中进行调整，从而达到一个均衡点。本书模型分析中，参与人分别为养殖户（S）和企业（P），假设双方进行质量安全投入为 QS，不进行质量安全投入为 QN。其中动物养殖户的质量安全投入包括场地的租赁、专业人员的招聘、场地消毒、疫苗兽药和先进检验检疫设备的引进以及运输过程的质量保证等。企业的质量安全投入包括动物源性食品的质检设备、相关追溯软件硬件的安装、包装材料和二维码打印设备以及后期的各种质量安全宣传和培训等。

假设 1：消费者是理性的，有确定的需求量，并且愿意为高质量产品支付相对的高价格。

假设 2：当博弈双方，也就是动物源性食品供应链中的动物养殖户和企业均不进行动物源性食品质量的安全投入时，养殖户和企业的正常收益为 is、ip，其中 $is > 0$，$ip > 0$。

假设 3：当只有养殖户进行动物源性的质量安全投入时，整体产品的质量和价格也随之提高，根据假设 1，消费者会以相对较高价格购买此产品，此时动物源性产品供应链中的养殖户收益为 $(\alpha_0 - 1)C_s + is$，其中 α_0（$\alpha_0 \geq 1$）为养殖户进行动物源性产品质量安全投入时的成本收益转化率，而此时企业也"顺便"获得额外收益为 Tp，且 $Tp > ip$。

假设 4：当只有企业进行动物源性的质量安全投入时，整体产品的质量和价格也随之提高，根据假设 1，消费者会以相对较高价格购买此产品，此时动物源性产品的企业收益为 $(\beta_0 - 1)C_p + ip$，其中 β_0（$\beta_0 \geq 1$）为企业进行动物源性产品质量安全投入时的成本收益转化率，而此时养殖户也"顺便"获得额外收益为 Ts，且 $Ts > is$。

假设 5：当双方参与者都对动物源性产品进行质量投入时，最终的动物源性产品质量会大幅度提高，相比于前面的假设，消费者愿意支付更高的价格购买高质量动物源性产品，这种情况下，动物养殖户收益为 $(\alpha_1 - 1)$

$C_s + is$，其中 α_1（$\alpha_1 \geqslant \alpha_0$）为双方都进行质量投入时养殖户的成本收益转化率；企业收益为（$\beta_1 - 1$）$C_p + ip$，其中 β_1（$\beta_1 \geqslant \beta_0$）为双方都进行质量投入时企业的成本收益转化率。

根据以上 5 种假设，构建动物源性产品供应链中动物养殖户和企业双方的博弈矩阵，如表 7 - 1 所示。

表 7 - 1　　　　　　　　　　　博弈双方博弈矩阵

养殖户	企业	
	QS	QN
QS	$(\alpha_1 - 1) C_s + is, (\beta_1 - 1) C_p + ip$	$(\alpha_0 - 1) C_s + is, T_p$
QN	$T_s, (\beta_0 - 1) C_p + ip$	is, ip

第三节　动物源性食品供应链演化博弈分析

一、演化博弈过程的平衡点

假设动物养殖户选择对动物源性食品进行质量安全投入的概率为 $x(0 \leqslant x \leqslant 1)$，因此选择不进行质量安全投入的概率为 $1 - x$；同理设企业选择对动物源性食品进行质量安全投入的概率为 $y(0 \leqslant y \leqslant 1)$，因此选择不进行质量安全投入的概率为 $1 - y$。

对于养殖户，选择对动物源性产品进行质量安全投入策略为：

$$U_{1QS} = y[(\alpha_1 - 1) C_s + is] + (1 - y)[(\alpha_0 - 1) C_s + is]$$

养殖户不进行质量安全投入为：

$$U_{1QN} = yT_s + (1 - y)is$$

其平均适应度为：

$$\overline{U}_1 = xU_{1QS} + (1 - x)U_{1QN} \tag{1}$$

由此可得，养殖户选择进行质量安全投入策略概率的复制动态方程为：

$$F(y) = \frac{dy}{dt} = y(U_{2QS} - \bar{U}_2) = y(1-y)\{(\beta_0 - 1)C_p -$$

$$x[(\beta_0 - \beta_1)C_p - ip + T_p]\} \tag{2}$$

同理可得企业选择进行质量安全投入策略概率的复制动态方程为：

$$F(x) = \frac{dx}{dy} = x(U_{1QS} - \bar{U}_1) = x(1-x)\{(\alpha_0 - 1)C_s -$$

$$y[(\alpha_0 - \alpha_1)C_s - is + T_s]\} \tag{3}$$

由养殖户和企业两者的复制动态方程可得一个二维动力系统（A），为：

$$\begin{cases} \dfrac{dx}{dy} = x(1-x)\{(\alpha_0 - 1)C_s - y[(\alpha_0 - \alpha_1)C_s - is + T_s]\} \\ \dfrac{dy}{dt} = y(1-y)\{(\beta_0 - \beta_1)C_p - x[(\beta_0 - \beta_1)C_p - ip + T_p]\} \end{cases} \tag{4}$$

使：$x_s = \dfrac{(\beta_0 - 1)C_p}{T_p + (\beta_0 - \beta_1)C_p - ip}$，$y_s = \dfrac{(\alpha_0 - 1)C_s}{T_s + (\alpha_0 - \alpha_1)C_s - is}$

命题1：对于本系统，平衡点为（0，0）、（0，1）、（1，0）和（1，1），

且当 $1 < \alpha_0 < \alpha_1 < \dfrac{T_s - is + C_s}{C_s}$，$1 < \beta_0 < \beta_1 < \dfrac{T_p - ip + C_p}{C_p}$ 时，此时 (x_s, y_s)

也是系统的平衡点。

证明：分别使 $\dfrac{dx}{dt} = 0$，$\dfrac{dy}{dt} = 0$，显然 (x, y) 可取（0，0）、（0，1）、

（1，0）和（1，1），故该系统的平衡点为（0，0）、（0，1）、（1，0）和

（1，1），当 $1 < \alpha_0 < \alpha_1 < \dfrac{T_s - is + C_s}{C_s}$，$1 < \beta_0 < \beta_1 < \dfrac{T_p - ip + C_p}{C_p}$ 时，可得 $0 <$

$\dfrac{(\beta_0 - 1)C_p}{T_p + (\beta_0 - \beta_1)C_p - ip} < 1$，$0 < \dfrac{(\alpha_0 - 1)C_s}{T_s + (\alpha_0 - \alpha_1)C_s - is} < 1$，故此时 (x_s, y_s)

也是该系统的平衡点。

二、稳定性分析

对上述方程（4）中的 x，y 分别求偏导，可得：

$$J = \begin{bmatrix} \dfrac{\partial \dot{x}}{\partial x} & \dfrac{\partial \dot{x}}{\partial y} \\[3mm] \dfrac{\partial \dot{y}}{\partial x} & \dfrac{\partial \dot{y}}{\partial y} \end{bmatrix} = \begin{bmatrix} a_{11} & a_{12} \\[2mm] a_{21} & a_{22} \end{bmatrix} \tag{5}$$

矩阵（5）中：

$$a_{11} = (1 - 2x)\{(\alpha_0 - 1)C_s - y[(\alpha_0 - \alpha_1)C_s - is + T_s]\}$$

$$a_{12} = -x(1 - x)[(\alpha_0 - \alpha_1)C_s - is + T_S]$$

$$a_{21} = -y(1 - y)[(\beta_0 - \beta_1)C_p - ip + T_p]$$

$$a_{22} = (1 - 2y)\{(\beta_0 - \beta_1)C_p - x[(\beta_0 - \beta_1)C_p - ip + T_p]\}$$

当矩阵的迹 $tr(J) = a_{11} + a_{22} < 0$，行列式 $\det(J) = \begin{vmatrix} a_{11} & a_{12} \\ a_{21} & a_{22} \end{vmatrix} = a_{11} \cdot$

$a_{22} - a_{12} \cdot a_{21} > 0$ 时，则复制动态方程的平衡点为局部稳定，表示为演化稳策略。

命题 2：演化稳定策略将随着 α_0、α_1、β_0、β_1 所在区间的变化而变化。

当 $0 < \alpha_0 < 1$，$\alpha_0 < \alpha_1 < \dfrac{T_s - is + C_s}{C_s}$，以及 $0 < \beta_0 < 1$，$\beta_0 < \beta_1 < \dfrac{T_p - ip + C_p}{C_p}$ 时，该系统的演化稳定策略为（QN，QN）。

当 $0 < \alpha_0 < 1$，$\alpha_0 < \alpha_1 < \dfrac{T_s - is + C_s}{C_s}$，以及 $1 < \beta_0 < \beta_1 < \dfrac{T_p - ip + C_p}{C_p}$ 时，该系统的演化稳定策略为（QN，QS）。

当 $1 < \alpha_0 < \alpha_1 < \dfrac{T_s - is + C_s}{C_s}$，以及 $0 < \beta_0 < 1$，$\beta_0 < \beta_1 < \dfrac{T_p - ip + C_p}{C_p}$ 时，该系统的演化稳定策略为（QS，QN）。

当 $1 < \alpha_0 < \alpha_1 < \dfrac{T_s - is + C_s}{C_s}$，以及 $1 < \beta_0 < \beta_1 < \dfrac{T_p - ip + C_p}{C_p}$ 时，该系统的演化稳定策略为（QS，QN）和（QN，QS）。

当 $\dfrac{T_s - is + C_s}{C_s} < \alpha_0 < \alpha_1$，以及 $\dfrac{T_p - ip + C_p}{C_p} < \beta_0 < \beta_1$ 时，该系统的演化稳

定策略为（QS，QS）。

证明：根据上述矩阵的局部稳定性判断，可知在不同限制条件下 5 种情况平衡点的局部稳定性。

三、演化博弈结果分析

对上述命题 2 的结果进行分析，可得动物源性产品供应链中养殖户和企业在上述 5 种策略情况下的演化相位图（如图 7-1 所示），分析结果如下：

（1）当动物源性产品供应链中养殖户和企业的质量安全投入成本收益转化率都比较小时，也就是 α_0、α_1、β_0、β_1 的数值较小时，即 $0 < \alpha_0 < 1$，$\alpha_0 < \alpha_1 < \dfrac{T_s - is + C_s}{C_s}$，且 $0 < \beta_0 < 1$，$\beta_0 < \beta_1 < \dfrac{T_p - ip + C_p}{C_p}$，这种情况无论是双方共同投入还是任意一方投入，即使有相应的成本付出，但收益却不大，如图 7-1 所示，曲线趋向于（0，0），说明（0，0）为演化博弈的稳定点，此时为博弈双方均不进行动物源性食品质量安全投入的演化稳定策略。

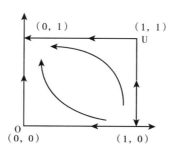

图 7-1　系统演化相位图（a）

（2）当动物源性食品企业在进行质量安全投入的成本收益转化率满足 $1 < \beta_0 < \beta_1 < \dfrac{T_p - ip + C_p}{C_p}$，且此时供应链中养殖户的成本收益转化率满足 $0 <$

$\alpha_0 < 1$，$\alpha_0 < \alpha_1 < \dfrac{T_s - is + C_s}{C_s}$，代表此时养殖户的收益小于质量安全投入成本，即养殖户此时不会进行质量安全投入，如图 7-2 所示，（0，1）为博弈双方的演化稳定点，即此时养殖户不进行动物源性食品质量安全投入，而企业进行动物源性食品的质量安全投入为该状态下的稳定演化策略。

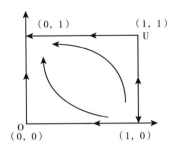

图 7-2 系统演化相位图（b）

（3）当动物源性产品供应链中养殖户进行质量投入时，其所获得的收益高于投入成本而小于"顺便"的额外收益 T_s，即 $1 < \alpha_0 < \alpha_1 < \dfrac{T_s - is + C_s}{C_s}$。此时企业进行质量安全投入的成本收益转化率满足 $0 < \beta_0 < 1$，$\beta_0 < \beta_1 < \dfrac{T_p - ip + C_p}{C_p}$，代表此时企业的收益小于投入成本，处于亏损状态，所以企业会选择不进行动物源性食品的质量安全投入，如图 7-3 所示，曲线趋向于（1，0）点，（1，0）为稳定点，即此时养殖户进行动物源性食品质量安全投入，而企业不进行动物源性食品的质量安全投入为该状态下的稳定演化策略。

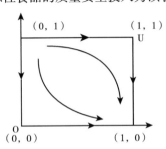

图 7-3 系统演化相位图（c）

（4）当动物源性产品供应链中养殖户满足 $1 < \alpha_0 < \alpha_1 < \dfrac{T_s - is + C_s}{C_s}$，企业

满足 $1 < \beta_0 < \beta_1 < \dfrac{T_p - ip + C_p}{C_p}$，即养殖户进行质量投入时，其所获得的收益高于投入成本而小于"顺便"的额外收益 T_s，企业进行质量投入时，其所获得的收益高于投入成本而小于"顺便"的额外收益 T_p 时，如图 7-4 所示，系统的稳定点为 (0, 1) 和 (1, 0)，此时以 OU 为界线，左边四边形面积越大，稳定点越趋向于 (0, 1)；右边四边形面积越大，稳定点越趋向于 (1, 0)。

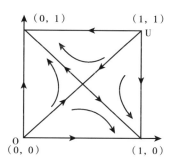

图 7-4　系统演化相位图（d）

（5）当动物源性食品供应链中的养殖户和企业博弈双方分别满足

$\dfrac{T_s - is + C_s}{C_s} < \alpha_0 < \alpha_1$ 和 $\dfrac{T_p - ip + C_p}{C_p} < \beta_0 < \beta_1$，即博弈双方参与者进行动物源

性食品质量安全投入时所获得的收益高于各自"顺便"获得的额外收益 T_s、T_p，如图 7-5 所示，稳定点为 (1, 1)，即此时动物养殖户和企业全

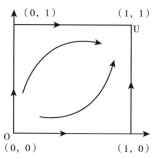

图 7-5　系统演化相位图（e）

部进行动物源性食品质量安全投入为该状态下的稳定演化策略。

第四节　惩罚机制下双方演化博弈分析

上述分析是在避开惩罚机制下的基础分析，且由分析可知，在动物源性食品供应链中，若养殖户和企业在进行动物源性食品的质量安全投入时成本收益转化率较小，甚至所获收益低于投入成本或"顺便"所获的额外收益，那么在进行策略的选择时，养殖户和企业会选择不进行动物源性食品的质量安全投入。严重时养殖户和企业之间为维护自身利益将会选择极端竞争行为，若无政府或第三方机构的管制可能会出现道德风险。

假设：在政府或第三方机构的惩罚机制下，博弈双方共同签署并遵循一份协议，协议内容主要是当双方都进行动物源性食品的质量安全投入时，双方均不会受到处罚，当双方都不进行质量安全投入时，同样不会受到处罚，而当其中一方进行了质量安全投入，而另一方未进行质量安全投入时，后者将将受到处罚，罚金将由前者所得，罚金记为 M，可博弈双方收益矩阵如表 7-2 所示。

表 7-2　　　　　　　　　　博弈双方收益矩阵

供应商	生产商	
	QS	QN
QS	$is + (\alpha_1 - 1)C_s, ip + (\beta_1 - 1)C_p$	$is + (\alpha_0 - 1)C_s + M, T_p - M$
QN	$T_s - M, ip + (\beta_0 - 1)C_p + M$	is, ip

而此时的博弈系统中，复制动态方程如下：

$$F(x) = x(1-x)\{(\alpha_0 - 1)C_s + M - y[(\alpha_0 - \alpha_1)C_s - is + T_s]\}$$
$$F(y) = y(1-y)\{(\beta_0 - 1)C_p + M - x[(\beta_0 - \beta_1)C_p - ip + T_p]\}$$

由此复制动态方程可确定一个二维系统（B）如下：

$$\begin{cases} \dfrac{dx}{dy} = x(1-x)\{(\alpha_0 - 1)C_s + M - y[(\alpha_0 - \alpha_1)C_s - is + T_s]\} \\ \dfrac{dy}{dt} = y(1-y)\{(\beta_0 - 1)C_p + M - x[(\beta_0 - \beta_1)C_p - ip + T_p]\} \end{cases} \tag{6}$$

命题 3：对于本系统，平衡点为 $(0, 0)$、$(0, 1)$、$(1, 0)$ 和 $(1, 1)$，且当 $1 < \alpha_0 < \alpha_1 < \dfrac{T_s - is + C_s}{C_s}$，$1 < \beta_0 < \beta_1 < \dfrac{T_p - ip + C_p}{C_p}$ 时，此时 (x_s', y_s') 也是系统的平衡点。当且仅当不等式 $0 < M < \min \big[(\beta_0 - \beta_1) C_p + T_p - ip,$ $(\alpha_0 - \alpha_1) C_s + T_s - is \big]$ 成立时，令：$x_s' = \dfrac{(\beta_0 - 1) C_p + M}{T_p + (\beta_0 - \beta_1) C_p - ip}$，$y_s' = \dfrac{(\alpha_0 - 1) C_s + M}{T_s + (\alpha_0 - \alpha_1) C_s - is}$。

命题 4：上述系统中演化稳定策略的充要条件有且只有 $(1, 1)$，即 $M > \max \big[(\beta_0 - \beta_1) C_p + T_p - ip, (\alpha_0 - \alpha_1) C_s + T_s - is \big]$。

对系统的平衡点进行分析，分析结果如表 7 - 3 所示。

表 7 - 3　　　　　　　　演化博弈系统平衡点分析

平衡点	$tr\ (J)$	$det\ (J)$
$(0, 0)$	$\big[(\alpha_0 - 1) C_s + M \big] + \big[(\beta_0 - 1) C_p + M \big]$	$\big[(\alpha_0 - 1) C_s + M \big] \times \big[(\beta_0 - 1) C_p + M \big]$
$(0, 1)$	$\{ (\alpha_0 - 1) C_s + M - \big[(\alpha_0 - \alpha_1) C_s + T_s - is \big] \} - \big[(\beta_0 - 1) C_p \big]$	$\{ - (\alpha_0 - 1) C_s - M + \big[(\alpha_0 - \alpha_1) C_s + T_s - is \big] \} \times \big[(\beta_0 - 1) C_p \big]$
$(1, 0)$	$- \big[(\alpha_0 - 1) C_s - M \big] + \{ (\beta_0 - 1) C_p + M - \big[(\beta_0 - \beta_1) C_p - ip + T_p \big] \}$	$\big[- (\alpha_0 - 1) C_s - M \big] \times \{ (\beta_0 - 1) C_p + M - \big[(\beta_0 - \beta_1) C_p - ip + T_p \big] \}$
$(1, 1)$	$- \{ (\alpha_0 - 1) C_s + M - \big[(\alpha_0 - \alpha_1) C_s + T_s - is \big] \} - \{ (\beta_0 - 1) C_p + M - \big[(\beta_0 - \beta_1) C_p - ip + T_p \big] \}$	$\{ (\alpha_0 - 1) C_s + M - \big[(\alpha_0 - \alpha_1) C_s + T_s - is \big] \} \times \{ (\beta_0 - 1) C_p + M - \big[(\beta_0 - \beta_1) C_p - ip + T_p \big] \}$

证明：由表 7 - 3 的平衡点分析情况可知 $(1, 1)$ 作为系统稳定演化策略的唯一充要条件，有 $tr\ (J) < 0$，$det\ (J) > 0$，也就是：

$- \{ (\alpha_0 - 1) C_s + M - \big[(\alpha_0 - \alpha_1) C_s + T_s - is \big] \} - \{ (\beta_0 - 1) C_p + M - \big[(\beta_0 - \beta_1) C_p - ip + T_p \big] \} < 0$，同时 $\{ (\alpha_0 - 1) C_s + M - \big[(\alpha_0 - \alpha_1) C_s + T_s - is \big] \} \times \{ (\beta_0 - 1) C_p + M - \big[(\beta_0 - \beta_1) C_p - ip + T_p \big] \} > 0$，可得 $\{ (\alpha_0 - 1) C_s + M - \big[(\alpha_0 - \alpha_1) C_s + T_s - is \big] \} > 0$ 且 $\{ (\beta_0 - 1) C_p + M - \big[(\beta_0 - \beta_1) C_p - ip + T_p \big] \} > 0$

由此结果可得：$M > \max \big[(\beta_0 - \beta_1) C_p + T_p - ip, (\alpha_0 - \alpha_1) C_s + T_s - is \big]$，

当 $1 < \alpha_0 < \alpha_1 < \dfrac{T_s - is + C_s}{C_s}$ 并且 $1 < \beta_0 < \beta_1 < \dfrac{T_p - ip + C_p}{C_p}$ 时，动物源性食品供应链中的养殖户和企业博弈双方都不选择进行产品质量安全投入的策略，从而都有意"顺便"获得额外收益的动机。如果此时，政府等相关部门或第三方机构对于博弈双方的惩罚力度高于双方同时选择进行质量安全投入的收益与各自"顺便"所获收益之差时，博弈双方都会选择避免太高的违约成本而被迫倾向于对动物源性产品进行质量安全投入。

因此，在政府等相关部门或第三方机构的惩罚机制下，动物源性食品供应链中的养殖户和企业建立有效的契约或协议，有效避免了个别养殖户或企业"搭便车"的现象，提高动物源性食品的质量安全。

第五节　小　　结

利用演化博弈理论模型分析了动物源性食品供应链中养殖户与企业进行动物源性产品质量安全投入的行为决策。结果显示，双方的行为决策选择主要与动物源性产品质量安全投入的收益转化率有关，同时与它们采取"搭便车"行为所获的额外收益大小有很大关系。若是采取"搭便车"行为所获的额外收益足够大时，则在供应链中动物性食品企业便会选择降低动物性产品质量安全投入的概率。此时政府为了保障动物源性产品的质量安全，会对采用"搭便车"行为的企业采取惩罚机制，当政府的惩罚力度满足一定条件时，便可能会出现动物源性产品供应链上的养殖户和企业全部进行动物源性产品的质量安全投入。而如果政府的惩罚力度较小，动物源性产品供应链上的企业可能会出于投机心理而避开动物源性产品的质量安全投入。

因此，如何建立一个合理有效的契约用于鼓励动物源性产品供应链上各个节点养殖户和企业都进行产品质量安全投入是未来食品安全领域的一个重要研究方向。

第八章

食品安全问题对消费者行为的影响分析

重大动物疫情暴发后，所产生信息是不对称的，消费者只能依靠部分信息进行决策。当得知重大动物疫情暴发后，多数消费者会减少对相关畜禽产品的消费，转而消费其他畜禽产品。例如，疯牛病和禽流感会导致日本消费者减少对牛肉和鸡肉消费，增加对猪肉和鱼肉消费（Ishida. T et al.，2010）。虽然禽流感暴发后消费者会减少约17%的禽类产品消费，却几乎不会彻底放弃对禽类产品的消费（Just. D. R et al.，2009）。由于重大动物疫情相关信息的结构不同，对消费者的影响也不同。有学者发现，重大动物疫情相关信息对消费者的影响程度，在很大程度上受信息来源的影响。例如，消费者普遍不信任国际卫生组织、疾控中心等所发布信息，较为相信新闻机构的报道（Turvey. C. G et al.，2010）。另一方面，信息所持续时间，也会对消费者产生影响，一些学者尝试采用计量模型分析影响的种类，但尚未达成共识。部分学者运用误差修正模型发现，信息所产生负面影响随时间逐渐减弱，短期影响较大，长期影响较小（Mu. J. E et al.，2013）。另有学者运用 AIDS 模型发现，媒体对禽流感的报道对禽类产品的消费在短期内具有正面影响（Mu. J et al.，2010）。此外，还有学者发现重大动物疫情信息对消费者的影响强度与信息强度有关。例如，禽流感的新闻报道数量与禽类产品消费量成反比（Beach. R. H et al.，2008）。

为进一步研究疫情信息对消费行为的影响方式，一些学者利用分类回归模型进行实证分析，认为重大动物疫情信息会增强消费者对畜禽产品的不信任感，影响消费者行为。有学者通过设计消费实验发现，当商家通过某种特定行为增强消费者对其的信任后，动物疫情对商家和消费者的影响明显变小（Ifft. J et al.，2012）。还有一些学者认为，消费者对重大动物疫情的风险感知是影响行为的重要因素，当禽流感暴发后，对风险感知程度较高的消费者对活禽的购买量显著减少（Liao. Q. Y et al.，2006）。此外，风险感知可通过影响消费行为，细化畜禽产品消费市场（Benjamin. O et al.，2009）。

第一节　问卷设计与来源

一、问卷的设计原则

为进一步了解动物疫情突发情况下影响动物消费者行为决策的因素，以非洲猪瘟疫情为例进行调研。问卷设计主要针对非洲猪瘟疫情下家庭平均消耗猪肉量、购买猪肉的地点、对猪肉安全认知情况、疫病对猪肉质量的影响、影响其购买猪肉的因素以及对目前我国疫病防控的满意情况等，构建 Logit 计量模型，对我国动物性食品消费者在动物疫情突发下的行为决策进行分析。

二、数据来源

关于我国动物疫情突发下消费者的行为决策调研数据来自四川、北京、安徽、江苏、甘肃、福建、黑龙江、河南、辽宁等 19 个省（区、市）动物性食品消费者问卷。

调查去除无效问卷，共剩余306份有效问卷，其中安徽和北京分别占比为35.29%和21.24%，问卷数量分布如图8-1所示。

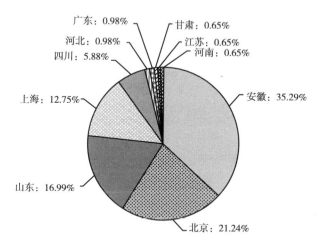

图 8 - 1　消费者问卷数量分布

资料来源：根据问卷数据整理所得。

第二节　消费者对动物疫情认知及行为特征

一、消费者对动物疫情认知情况

（一）消费者对生猪动物疫病影响的认知

在回收的306份有效问卷中，在生猪动物疫病的发生是否会对猪肉质量安全产生影响的问题上，有高达134人认为生猪动物疫病的发生会对猪肉质量安全产生影响，96人针对生猪动物疫病的发生是否会对猪肉质量安全产生影响的问题上持肯定态度，63人表示不知道是否会对猪肉质量安全产生影响，仅有少数13人认为生猪动物疫病的发生不会对猪肉质量安全产生影响，没有人认为生猪动物疫病的发生肯定不会对猪肉质量安全产生影响（如图8-2所示）。

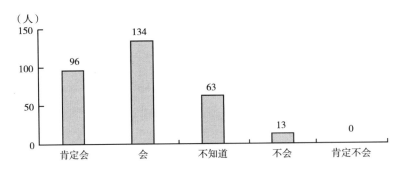

图 8 - 2　疫情对猪肉质量的影响认知情况

资料来源：根据问卷数据整理所得。

在生猪动物疫病的发生是否会对猪肉质量安全产生影响的问题上，不同学历的人的态度所占比例也不同。认为生猪动物疫病的发生肯定会对猪肉质量安全产生影响的 96 人，研究生及以上学历消费者占比最高，认为生猪动物疫病的发生会对猪肉质量安全产生影响的 134 人中，高中或中专学历消费者占比最高，而在表示不知道是否会对猪肉质量安全产生影响的 63 人中，由于对此动物疫情的影响程度了解不够，或是由于信息接收较慢，初中及以下学历消费者占比较高（如图 8 - 3 所示）。

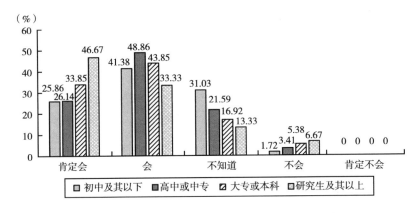

图 8 - 3　不同学历消费者对猪肉质量的影响认知情况

资料来源：根据问卷数据整理所得。

（二）消费者对我国生猪养殖疫情状况关注度

调研结果发现，43%的消费者对我国生猪养殖疫情状况关注度一般，31%的消费者对我国生猪养殖疫情状况比较关注，22%的消费者对我国生猪养殖疫情状况不太关注，仅4%的消费者对我国生猪养殖疫情状况完全不关注（如图8-4所示）。

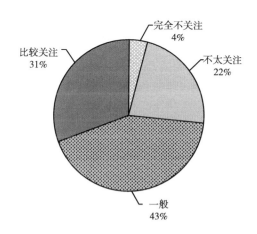

图8-4 消费者对我国生猪养殖疫情关注情况

资料来源：根据问卷数据整理所得。

（三）消费者对我国政府防控手段满意度

本部分从消费者对本地市场上销售的猪肉质量安全状况满意度、消费者对我国政府对生猪养殖场所的监管力度满意度、消费者对我国政府在非洲猪瘟期间所采取的防控措施满意度以及消费者对我国非洲猪瘟疫情控制效果满意度进行描述，具体如图8-5所示。消费者对我国非洲猪瘟防控效果满意度持一般态度占134人，持比较满意态度的消费者占129人，持不太满意态度者占39人，4人表示非常不满意；在对我国非洲猪瘟防控措施的满意度调查中，结果与消费者对非洲猪瘟控制效果满意度调查结果相似，总体满意度较高；在消费者对市场上猪肉质量的满意度调查中，一半被采访消费者表示一般，88 人持比较满意态度，49 人持不太满意态度，10 人表示非常不满意，总体满意度偏上；消费者对我国生猪养殖场所的监管水平满意度总体上呈现较一般，有 171 人持一般态度，且持比较满意态度和不太满意态度的人数基本持平，分别为 62 人和 61 人，12 人对我国监管水平非常不满意，此结果表明，消费者对我国生猪养殖场所的监管水平满意度并不高。

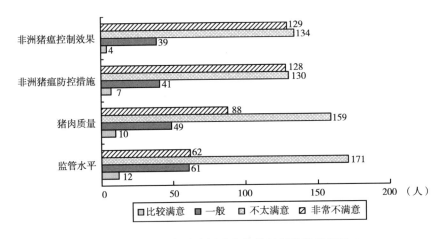

图 8 - 5　消费者对我国政府防控手段满意度情况

资料来源：根据问卷数据整理所得。

二、消费者的消费行为特征

（一）消费者倾向代替行为特征

在本次调研中，消费者针对动物疫病发生期间，对"减少猪肉的消费，用其他肉类代替"的看法也持有不同选择倾向，如图 8 - 6 所示，39.54% 的消费者比较倾向于用其他肉类代替猪肉，但也有 26.80% 以及 26.47% 的消费者持一般态度甚至不太同意的态度，仅有 7.19% 的消费者表示非常不同意用其他肉类代替猪肉。

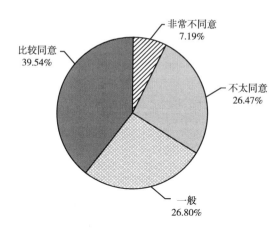

图 8 - 6　消费者用其他肉类代替猪肉的倾向

资料来源：根据问卷数据整理所得。

（二）消费者猪肉购买地选择特征

对于去哪里购买猪肉这个问题，考虑到消费者购买时的不固定因素较多，购买地点不固定，因此是多项选择题。根据 306 份调研结果显示，消费者通常购买猪肉的地点通常为菜市场、集市以及大型超市，如表 8 - 1 所示，306 个被调研问卷中，64 份显示购买猪肉没有固定地方，哪里方便去哪里购买，占比为 20.92%；156 份显示消费者选择去菜市场或集市购买猪肉，占比为 50.98%；65 份显示选择去定点销售门市，占比 21.24%；25 份表示自己家有养殖生猪，基本不从外面购买猪肉，占比为 8.17%；134 份显示从大型超市购买，占比 43.79%。

表 8 - 1　　　　　　　问卷中购买地点显示数量与占比情况

购买地	数量（份）	占比（%）
没有固定地方，哪里方便去哪里	64	20.92
菜市场/集市	156	50.98
定点销售门市	65	21.24
自己养的猪，不从外面购买猪肉	25	8.17
大型超市	134	43.79
其他（请具体说明）	1	0.33

资料来源：根据问卷数据整理所得。

（三）消费者受其他人购买行为影响特征

疫情期间，针对消费者是否会根据周围人的选择而影响购买行为，回收的306份有效问卷中，男性问卷数量为133份，女性问卷数量为173份（如表8-2所示）。

表8-2   问卷性别分布情况

性别	数量（人）
男	133
女	173

资料来源：根据问卷数据整理所得。

在男性消费者中，对"关注周围人的选择，再决定是否继续消费猪肉"的看法持非常不同意观点占14.29%，持不太同意态度占37.59%，总体不同意态度为51.88%，占男性问卷数量的一半以上，剩余36.84%的男性消费者持一般态度，11.28%的男性消费者比较同意；女性消费者中，8.09%的消费者持非常不同意态度，39.31%的消费者持不太同意的态度，总体不同意态度为47.4%，相比男性消费者较少，剩余43.93%的消费者持一般态度，8.67%的消费者持比较同意的态度（如图8-7所示）。

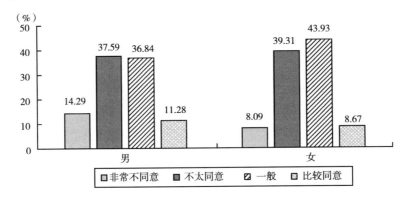

图8-7 不同性别消费者受周围人购买行为的影响态度情况

资料来源：根据问卷数据整理所得。

（四）　消费者烹饪方式的倾向特征

针对非洲猪瘟疫情期间，消费者对"改变猪肉的烹饪方式，使其更安全的"看法持有不同态度，但绝大多数消费者愿意采用更安全的烹饪方式，306 份问卷调研结果如表 8 - 3 所示，有 172 人比较同意采用更安全的猪肉烹饪方式，占比 56.21%；107 人持一般态度，占比 34.97%；仅有 27 人持不同意的态度。

表 8 - 3　　　消费者采用更为安全的猪肉烹饪方式的态度情况

消费者态度	数量（人）	占比（%）
非常不同意	7	2.29
不太同意	20	6.53
一般	107	34.97
比较同意	172	56.21

资料来源：根据问卷数据整理所得。

三、消费者认知及消费行为分析

上述调查表明消费者对食品安全知识的了解有限。即使一些受过高等教育的知识分子，对于食品安全方面的了解途径，一般也仅仅局限于通过网络、电视、报纸等媒体。虽然在电子信息发达的时代，人们有更方便的交流机会，但是人们对食品安全知识的了解还不够深入。出现公众认知与实际状况的差异主要有以下几点原因。

（一）　缺乏食品安全基础知识

消费者接触食品安全知识的正经渠道和机会普遍较少，也没有相关的部门进行宣传和普及。消费者对于不太了解的东西抱着一种畏惧的态度，比如大家听到牛奶中含有抗生素就非常担心，但是像青霉素、阿莫西林等平时常用的抗生素类药物，就不觉得恐怖。关键是公众没有认识到牛奶中抗生素的残留量只要不超过规定的限量就是安全的。消费者对食品领域中的一些专业性、基础性知识一知半解，对国家相应的标准政策只是通过平时的经验和传言来领会。

(二) 相关部门缺乏有效的管理手段

目前虽然建立了相关信息发布制度，但是形式单一，频次不高，而这些信息又常刊登于官方报纸，与百姓生活联系紧密的生活服务类媒体却鲜有刊登。虽然建立了风险评估机构，但风险交流明显缺乏。专家"露脸"太少，只有在一些大的食品安全事件中，才能听到专家发声，但在平时日常生活中，专家解疑释惑的作用远没有发挥，即使在食品安全事件中，专家由于怕被"拍砖"，谨言慎行，有时不敢坚持真理。

(三) 媒体的市场恶性竞争使然

媒体为了提高社会影响力和社会经济效益，将如何吸引公众的眼球和注意力作为其追求的重要目标。有时并没有严格要求自己作为"把关人"的作用，只为了表面上的阅读量、点击率、收视率的提高；有些媒体有时在还没有经过详细的核实求证的情况下，就将问题放大，胡乱定义某种食品致癌或者致命，报道一些没有经过核实的假新闻，误导公众，导致消费者信以为真、焦虑恐慌。因此，错误的或夸大的信息分享容易滋生谣言，进一步增加恐慌。

第三节　消费者购买的主要影响因素的 Logit 模型及其分析

一、样本基本情况

动物性食品种类繁多，本书选择国内市场销售覆盖面以及认知度与舒适度较广的猪肉作为主要调研内容，共收到 306 份有效问卷，其中安徽和北京分别占比为 35.29% 和 21.24%。从被调查者的性别来看，女性占比为 56.54%，男性占比为 43.46%，男女比例的差异表明猪肉市场的主要购买者为女性（如表 8 - 4 所示）。从购买者的年龄分布来看，18 ~ 25 岁年龄段的购买者占比为 32.03%，26 ~ 35 岁年龄段的购买者占比为 27.45%，36 ~ 45 岁年龄段的购买者占比为 23.86%，46 ~ 60 岁年龄段的购买者占比为 13.39%，而 60 岁以上年龄段的购买者仅占 3.27%。从学历上来看，初中及其以下学历占比 18.95%，高中或中专学历占比 28.76%，大专或本科学历占比为 42.48%，研究生及其以上学历仅占 9.81%。从家庭月收入来看，月收入在 3 000 元以下占比为 6.45%，月收入在 3 000 ~ 7 500 元之间占比 23.53%，月收入在 7 500 ~ 10 000 元之间占比为 27.77%，月收入在 10 000 ~ 20 000 元之间占比为 28.76%，月收入在 20 000 元以上占比为 13.40%。

表 8 - 4　　　　消费者及个人家庭特征信息描述性统计

变量名	分类指标	质数	占比（%）
性别	男	133	43.46
	女	173	56.54
年龄	18 ~ 25 岁	98	32.03
	26 ~ 35 岁	84	27.45
	36 ~ 45 岁	73	23.86
	46 ~ 60 岁	41	13.39
	60 岁以上	10	3.27
学历	初中及其以下	58	18.95
	高中或中专	88	28.76
	大专或本科	130	42.48
	研究生及其以上	30	9.81
家庭月收入	3 000 元以下	20	6.54
	3 000 ~ 7 500 元	72	23.53
	7 500 ~ 10 000 元	85	27.77
	10 000 ~ 20 000 元	88	28.76
	20 000 元以上	41	13.40

资料来源：根据问卷数据整理所得。

在回收的306份有效问卷中，消费者职业中普通职员数最多，为90人，几乎占三分之一，而其他职业中经调查发现从事农业者居多（如图8-8所示）。且每个职业中月平均消耗猪肉量不同，具体情况如图8-9所示，公司中、高管月平均消耗猪肉量5~10斤①居多，占比为58.82%；国有、事业单位正式人员或公务员月平均消耗猪肉量也是5~10斤居多，占比为60%；普通职员月平均消耗猪肉量5~10斤占比56.67%，其次是10~15斤占比为23.33%，1~5斤占比17.78%；经商人员消耗猪肉较多，其中5~10斤占比39.39%，10~15斤占比33.33%；自由退休职业者月平均消耗猪肉量5~10斤占比为40%；家庭主妇月平均消耗猪肉量10~15斤占比高达40%；其他从业者中，务农人员较多，月平均消耗量中1~5斤占比最多，为39.44%，其次为5~10斤占比39.44%。

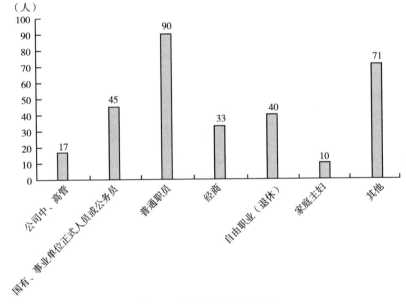

图8-8 消费者职业及数量

资料来源：根据问卷数据整理所得。

---

① 1斤=500g。

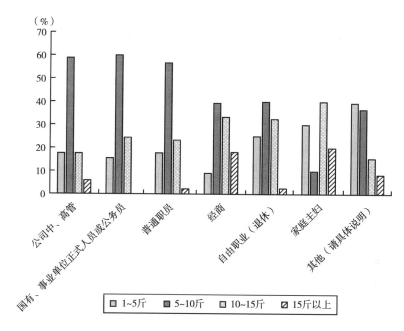

图 8 - 9　各职业消费者月平均消耗猪肉量所占比例

资料来源：根据问卷数据整理所得。

二、消费者购买决策的 Logit 模型

（一）被解释变量

选取疫情突发下，消费者对猪肉的消费量是否有所减少行为作为因变量 Y。为了能够准确分析疫情突发下影响消费者购买行为的因素，将被解释变量赋值为 0 或 1。0 表示疫情发生期间，消费者购买猪肉量较往常没有改变；1 表示疫情期间，消费者购买猪肉量有明显减少。

（二）解释变量

本书将以下三个方面作为解释变量 X，一是消费者个人以及其家庭基本特征，包括性别、年龄、家庭月收入等；二是包括消费者对动物疫情的认知情况、购买猪肉时对猪肉质量安全信息的关注度；三是疫情风险认知

情况以及对政府部门应对疫情防控手段的态度，变量说明及赋值情况如表
8－5 所示。

表 8－5 消费者购买决策的 Logit 模型变量及赋值

变量	符号	含义及赋值
疫情期间消费者对猪肉的消费量	Y	较往常没有改变 = 0； 较往常明显减少 = 1
性别	X_1	男 = 1；女 = 2
年龄	X_2	18～25 岁 = 1；26～35 岁 = 2；36～45 岁 = 3；46～60 岁 = 4；60 岁以上 = 5
学历	X_3	初中以及下 = 1；高中或中专 = 2；大专或本科 = 3；研究生及其以上 = 4
家庭月收入	X_4	<3 000 元 = 1； 3 000～7 500 元 = 2； 7 500～10 000 元 = 3； 10 000～20 000 元 = 4； >20 000 元 = 5
月平均消耗猪肉量	X_5	1～5 斤 = 1；5～10 斤 = 2；10～15 斤 = 3；15 斤以上 = 4
认为猪肉质量安全所处等级	X_6	非常安全 = 1；比较安全 = 2；不知道 = 3；不太安全 = 4；非常不安全 = 5
认为疫病是否会对猪肉质量产生影响	X_7	肯定会 = 1；会 = 2；不知道 = 3；不会 = 4；肯定不会 = 5
对猪肉产品的销售卫生状况关注度	X_8	完全不关注 = 1；不太关注 = 2；一般 = 3；比较关注 = 4
对猪肉产品的色泽及新鲜程度关注度	X_9	完全不关注 = 1；不太关注 = 2；一般 = 3；比较关注 = 4
对猪肉产品的检验检疫标识关注度	X_{10}	完全不关注 = 1；不太关注 = 2；一般 = 3；比较关注 = 4
对我国猪肉行业整体安全关注度	X_{11}	完全不关注 = 1；不太关注 = 2；一般 = 3；比较关注 = 4
对我国生猪养殖的疫情信息关注度	X_{12}	完全不关注 = 1；不太关注 = 2；一般 = 3；比较关注 = 4

续表

变量	符号	含义及赋值
对市场上猪肉质量安全状况	X_{13}	非常不满意 = 1；不太满意 = 2；一般 = 3；比较满意 = 4
对我国政府对养殖场所的监管力度	X_{14}	非常不满意 = 1；不太满意 = 2；一般 = 3；比较满意 = 4
对我国针对非洲猪瘟采取的防控措施	X_{15}	非常不满意 = 1；不太满意 = 2；一般 = 3；比较满意 = 4
对我国非洲猪瘟疫情控制效果	X_{16}	非常不满意 = 1；不太满意 = 2；一般 = 3；比较满意 = 4

数据来源：根据问卷所得数据整理。

（三）模型选择

因被解释变量消费者对猪肉的消费量是否有所减少行为（Y）是虚拟的二分变量，因此本书以二元 Logsitic 回归模型对疫情突发下对影响消费者行为决策的因素进行分析。建立模型如下：

$$Y_i = f(X_1, X_2, X_3, LX_n, e_i)$$

上述公式中，Y_i 表示第 i 个消费者猪肉消费量是否有所减少的行为；X_n 则代表各个影响因素，包括消费者个人以及其家庭基本特征，包括性别、年龄、家庭月收入和消费者对动物疫情的认知情况、购买猪肉时对猪肉质量安全信息的关注度，以及疫情风险认知情况以及对政府部门应对疫情防控手段的态度等；ε_i 表示随机干扰项，其函数表达形式如下：

$$P_i = \frac{1}{1 + \exp^{-\left(\alpha + \sum_{j=1}^{m} \beta_i X_{ij}\right)}} + \varepsilon_i$$

上述函数式中，P_i 表示第 i 个消费者在动物疫情期间猪肉消费量明显减少的概率，X_{ij} 表示第 i 个消费者的第 j 种因素，α 表示为回归截距项，β_i 表示第 i 种影响因素的回归系数，m 表示影响这一概率的因素个数，ε_i 为随机干扰项。

三、影响消费者对猪肉消耗量变化行为的因素分析

本书运用 EViews9 计量软件对 306 份消费者有效问卷数据进行 Logistic 回归分析。其中 $R^2 = 0.814231$，显著性统计值 Prob $= 0$。Prob（F – statistic）= 0.027567，评估结果表明模型 3 拟合度较高。模型评估结果得到其回归系数和显著性如表 8 – 6 所示。

表 8 – 6   模型 3 回归系数与显著性结果

解释变量	回归系数	显著性
X_1（性别）	0.218141	0.3002
X_2（年龄）	0.010765	0.2705
X_3（学历）	− 0.668222	0.0636
X_4（家庭月收入）	1.160656	0.0726
X_5（月平均消耗猪肉量）	− 0.017115	0.1937
X_6（猪肉质量安全所处等级）	0.717557	0.0698
X_7（疫病是否会对猪肉质量产生影响）	− 0.806571	0.0566
X_8（猪肉产品销售卫生状况关注度）	2.034638	0.0344
X_9（猪肉产品色泽及新鲜程度关注度）	1.044606	0.0125
X_{10}（猪肉产品检验检疫标识关注度）	2.022441	0.0744
X_{11}（我国猪肉行业整体安全关注度）	− 0.012394	0.4541
X_{12}（我国生猪养殖的疫情信息关注度）	− 0.000629	0.9671
X_{13}（市场上猪肉质量安全状况）	− 0.731302	0.0947
X_{14}（我国政府对养殖场所的监管力度）	− 0.005222	0.7427
X_{15}（我国针对非洲猪瘟采取的防控措施）	− 0.004145	0.8377
X_{16}（我国非洲猪瘟疫情控制效果）	− 0.000175	0.9932

其中，消费者学历、消费者家庭成员个数、消费者认为猪肉质量安全所处等级、消费者认为疫病是否会对猪肉质量产生影响、消费者对猪肉产品的检验检疫标识关注度、消费者对市场上猪肉质量安全状况的显著水平在 10% 水平上，消费者对猪肉产品的销售卫生状况关注度以及消费者对猪肉产品的

色泽及新鲜程度关注度的显著水平在 5% 水平上。根据变量的显著特征，选取显著性较高的变量，删除显著性较低的变量，再次进行 Logit 回归处理。其中，$R^2 = 0.967531$，显著性统计值 Prob = 0，Prob（F – statistic）= 0.016831，表明模型拟合度非常高，回归模型 4 结果如表 8 – 7 所示。

表 8 – 7　　　　　　　模型 4 回归系数与显著性结果

解释变量	回归系数	显著性
X_3（学历）	– 0.793271	0.0486
X_4（家庭月收入）	0.640268	0.0872
X_6（猪肉质量安全所处等级）	0.96933	0.0230
X_7（疫病对猪肉质量产生的影响）	– 1.657801	0.0466
X_8（猪肉产品的销售卫生状况关注度）	2.380436	0.0142
X_9（猪肉产品色泽及新鲜程度关注度）	1.946406	0.0025
X_{10}（猪肉产品检验检疫标识关注度）	2.624421	0.0556
X_{13}（市场上猪肉质量安全状况）	– 0.852869	0.0621

第四节　小　　结

本章首先对问卷中动物疫情背景下消费者对动物疫情认知以及购买动物性食品的选择行为进行分析，其次通过 Logit 模型设置因变量和解释变量，其中将动物疫情发生时消费者的猪肉消费量是否明显减少作为因变量，结果显示，主要影响消费者购买量的因素为家庭月收入、猪肉质量安全所处等级、疫病是否会对猪肉质量产生影响、疫病是否会对猪肉质量产生影响、猪肉产品的销售卫生状况、猪肉产品的色泽及新鲜程度、猪肉产品检验检疫标识、市场上猪肉质量安全状况。具体结论如下：

一、学历对消费者猪肉消费量是否减少的影响

回归系数显示，学历对消费者猪肉消费量的影响呈现负相关，这表明

学历较高者，疫情期间的猪肉消费量并没有出现明显减少的现象，由于学历较高的消费者疫情期间购买猪肉时较为理性，对突发动物疫情的接受能力也较强，能够理性地看待疫情对猪肉质量的影响程度，其猪肉消费量不会受到太大影响。

二、家庭月收入对消费者猪肉消费量是否减少的影响

回归系数显示，家庭月收入对消费者猪肉消费量是否减少的影响呈现正相关，但回归系数较小，影响力不强，且收入较高家庭一般对食品重视程度较高，疫情突发下对猪肉消费量变更为慎重。结果表明家庭月收入越高的消费者，其虽具有购买涨价猪肉的能力，但也有明显的猪肉消费量减少现象，更愿意用其他肉类代替猪肉。

三、猪肉质量安全所处等级对消费者猪肉消费量是否减少的影响

回归系数显示，消费者对猪肉质量安全所处等级的认知对其猪肉消费量是否减少的影响呈现正相关，这表明疫情突发下当消费者认为猪肉安全所处等级越不安全时，其猪肉消费量存在明显减少行为。这符合正常逻辑，当消费者认为猪肉质量安全等级较低时，为自身及家庭成员的安全健康着想，会减少猪肉的购买量。

四、疫病是否会对猪肉质量产生影响对消费者猪肉消费量是否减少的影响

回归系数显示，疫病对猪肉质量产生影响对消费者猪肉消费量的影响呈现负相关，这表示当消费者认为疫情对猪肉质量肯定会产生影响时，其

对猪肉的消费量存在明显的减少行为。此结果符合现实理论，当消费者认为猪肉质量受疫情影响时，会自发减少对猪肉的购买量。

五、猪肉产品的销售卫生状况关注度对消费者猪肉消费量是否减少的影响

回归系数显示，消费者对猪肉产品的销售卫生状况关注度对其猪肉消费量是否减少的影响呈现正相关，这表示当消费者对猪肉产品的销售卫生状况关注度比较高时，其猪肉消费量会出现明显的减少行为。此结果符合现实理论，当前消费者普遍关注食品健康问题，购买猪肉时，销售卫生状况对消费者的购买决策有很大的影响，对销售卫生状况的关注度越高，表明消费者购买猪肉的条件越苛刻，疫情突发下对猪肉的消费量会明显减少。

六、猪肉产品的色泽及新鲜程度关注度对消费者猪肉消费量是否减少的影响

回归系数显示，消费者对猪肉产品的色泽及新鲜程度关注度对其猪肉消费量是否减少的影响呈现正相关，这表示当消费者对猪肉产品的色泽及新鲜程度关注度越来越高时，其猪肉消费量存在明显的减少行为。此结果符合现实理论，对于消费者而言，其色泽及新鲜程度对消费者的感官影响较强，这表明消费者购买猪肉的条件越苛刻，疫情突发下对猪肉的消费量会明显减少。

七、猪肉产品检验检疫标识关注度对消费者猪肉消费量是否减少的影响

回归系数显示，消费者对猪肉产品检验检疫标识关注度对其猪肉消费

量是否减少的影响呈现正相关，猪肉产品的检验检疫标识作为评价猪肉质量安全的重要指标，对消费者的行为决策具有重大影响，尤其对于对猪肉产品检验检疫标识关注度较高的消费者群体而言，有无检验检疫标识更是起到直接决定作用，所以当疫情期间消费者对猪肉产品检验检疫标识关注度越高时，其猪肉消费量存在明显的减少行为。

由此结果可得，动物疫情对消费者的购买量影响主还是取决于消费者对动物疫情的认知度，由上述可知，有部分消费者在不了解疫情的情况下，对肉制品的购买量存在明显的减少行为，表明政府部门关于动物疫情具体细节方面的宣传力度或渠道存在不足之处，应在此方面进行完善。

第九章

动物疫情背景下我国动物性
食品质量安全对策建议

第一节　补全政府部门监管制度短板

一、巩固食品安全预警体系

要充分利用当下经济全球化进程以及世界各国纷纷实行开放性政策的时代形势和世界动物卫生组织的支持，积极学习借鉴欧盟的动物性食品安全的法律监管制度体系。进一步完善我国动物性食品安全监管体系的构建。并在此基础上，顺应广大人民群众对食品质量安全的迫切需要，协调各个动物性食品相关部门，迅速构建动物性食品安全监管政策制度，加速推进我国的食品安全保障体系构的健全。

监管应该要具体落实到动物性食品各个环节的监管，从动物的饲养、出栏、屠宰、运输以及最后的销售阶段，每个过程都要进行严格把关，保证动物性产品各个阶段都能得到严格监督，保证做到动物性食品从农田到餐桌的全部监管工作到位。对重大动物疫病的预估预判是重大动物疫情应急管理的前提，因此，必须尽快完善以各地各级兽医医院为主、以兽医专家指导为辅的技术支撑体系，确保能够及时发现重大动物疫病，为新发生的重大动物疫病疫情收集最新发展状况，为动物疫病后续发展提供预判或诊断，让动物疫病实验室发挥"指挥棒、探照灯"的作用，及时为动物疫病应急管理工作提供依据，让当地政府在应急管理工作时有的放矢，让"早、快、严、小"的应急管理真正发挥作用。

二、加大对应急管理工作资源的投入

我国做好应急管理工作的关键就在基层，固本强基，要建立完善基层管理体系。一是预设应急队伍，预留掩埋场所，做到有备无患。各地政府在县（区）乡（镇、街）两级的兽医医院或兽医部门指导下购买备足扑杀器械、消毒物资、防护设备等应急管理物资。二是建立一个单独的重大动物疫情应急管理专用账户，保留一定的专项资金，专款专用。要在保证一般性动物防疫经费的基础上，由本级或上级财政部门预留一定比例的应急管理经费，用于应急管理时的扑杀补助和相关工作。三是建立一支能"拉得起、打得赢"的应急管理长效队伍。要按规定配齐、配强县（区）乡（镇、街）两级兽医技术人员，用好村级动物防疫员。

三、提高兽药残留查处力度

食品安全预警体系的建立能够为消费者提供动物疫情的发生以及危害等概率事件的有效信息，引导消费者、养殖户、政府部门和相关食品机构快速高效地采取有效举措加以防控和防范，以减少重大动物疫病等事件的发生。食品安全预警系统主要由食品安全预警监测和食品安全预警分析组成。食品安全预警监测是以食品安全预警分析结果为基础，对突发动物疫病的不利趋势进行改正、防御与控制。而食品安全预警分析主要是对突发动物疫情进行识别、判断、检测和评价并上报警告，其中食品安全预警分析的基础过程是检测和监管。

四、强化质量安全队伍体系建设

建立一支高水准、高素质的基层动物卫生监督执法队伍。及时发现执法队伍中的矛盾并提出相应的解决对策，同时要改进完善监督执法的规章制度，将政策落实到细节上来，明确每个工作人员的职责。建立自上而下、层层制约的监督体制，在工作过程中，一旦出现违法违规、徇私舞弊的现象，一定要追究相关负责人的职责。及时把执法的结果进行公示，积极听取广大群众的建议，也可以建立微信公众号举报机制，了解社会中的动物卫生不达标现象，并分配专门的工作人员处理此类事件。要相信通过严明的制度、明确的分工一定能提高动物卫生监督执法的力度。目前，执法队伍的整体素质还有待提高，首先在执法的过程中还要根据实际情况不断更新其知识体系，做到与时俱进。还要适时地进行考核，建立完善的奖惩制度，对于那些有想法、工作积极的工作人员应该重点表扬，对于那些不作为的工作人员应该及时剔除。其次，可以请专业人士对相关的工作人员进行执法知识的培训，具体可以采取理论和实践相结合的方式，这样可以让工作人员更好地提高自己的业务水平。最后，应该规范执法人员的言行，让执法人员明确自己的工作职责。

五、加强动物饲料安全性管理

队伍体系建设是保证畜禽食品质量安全的主要措施之一。涉及动物性食品质量安全的团队体系，根据研究对象的不同，首先可分为兽药团队、畜牧团队、流通团队、加工团队，其次可分为监察检查组、行政执法组，科技推广队伍等。加强队伍体系和动物性食品质量安全组织建设，必须坚持"高效、协调、精简"的基本制度，结合国家在社会公共服务、社会制度管理和经济建设方面的基本要求，不断改善现有人力资源，保证群众健康和财产安全。

为进一步加强质量安全体系建设，可从以下三个方面着手：一是不断完善现有执法监管体系，以原有执法监管体系为基础不断优化执法资源，建立系统的监理队伍，赋予监理队伍相应的职责和权利。二是加强队伍人员建设，重视执法人员相关法律法规培训，以全面提高其专业水平。三是增加舆论宣传，使执法团队管理趋于透明。比较积极案例和消极案例，以提高该领域中相关基本常识和基本舆论的公众了解率，加强人民群众对食品安全监督的参与意识。

六、加强动物疫病宣传，树立疫病防控理念

我国广大人民群众大多并不关心动物疫病的情况，即使是在养殖户中间，能够充分了解动物疫病的比例依然较少，很多养殖户在养殖过程中并不能够真正做好动物防疫工作。因此，想要确保广大人民群众以及养殖户都能深入了解动物疫病防范的重要性，我国政府应就动物疫病防范工作加强宣传力度。首先，要给养殖户树立以人为本的疫病防控理念，要让大家了解动物防疫工作，让其知道做好动物防疫工作不仅可以保护动物健康安全和自身财产安全，更能保护全人类的健康。其次，大多数养殖场的防疫工作在春秋两季，日常防疫工作做得不到位。因此，应加强长期防疫观念，对养殖户实施强制性的免疫模式。

第二节　保障养殖户科学化、专业化管理流程

一、重视产品生产阶段监管

养殖户必须要重视生产过程中的各个阶段，全面、严格落实监督工

作。为了规模化、标准化地发展动物性食品行业养殖，实行动物标准化养殖尤为重要。传统的动物饲养阶段更看重饲养动物的产量，由于缺乏饲养技术和知识使动物性食品在质量上往往水平较低。标准化的养殖模式恰好可以弥补养殖户养殖技术和知识的匮乏所带来的损害，实现动物性食品产量和质量的共同提高。我国要实现可持续畜禽养殖的发展，主要侧重于以下几点：

一是要做到针对具体疫情问题具体分析。全国各省（区、市）政府及相关机构需根据当地畜牧业养殖的具体模式、方法、布局来开展工作，例如根据养殖畜禽的种类和产量状况不断对其技术设备、养殖条件以及空间布局等进行优化，同时不断调整养殖产业结构，构建自己特色、质好、品优的动物性食品品牌，坚持打造纯天然无公害的绿色动物性食品特色。

二是要发展新型的现代化养殖。我们要发展新型现代化的养殖模式，弃去以往的传统养殖模式。现代育种模式应逐步趋于标准化，应采用专业化育种方法优化养殖过程，并进行大规模的集中化养殖。

三是促进养殖场合理化、标准化。①标准化养殖场必须配备先进的技术设备和标准化的设施，以及养殖过程中所需的各种设备和工具，如动力设备、预防性消毒设备、输水排水设备、动物养殖场设备、通风设备和动物饲料储存仓库。②饲料安全应从整个环节考虑，从原料选择、原料配比、配方加工、饲料运输储存、放行指导等方面，加强安全防控意识。对原材料的采购要进行有效监督，使原材料的质量源头可以追溯。饲料配料应科学进行，以健康安全为主要指导原则，遵守配料禁忌，在运输和保存方面，必须有冷藏保鲜技术手段和预防霉变措施，尽量避免其他污染源的影响。③对于养殖户和养殖业企业应加强安全教育，严禁摆放违禁品和非法产品，防治检疫设备和排放处置设备也应该齐全。④加强政府层面的监管，一旦发现违法违规行为，必须认真采取处理措施，确保市场供应的畜产品质量过关，"护卫"人民的餐桌。⑤建设沼气池。饲养动物过程中产生的大部分排泄物不仅污染环境，更会导致细菌的滋生和传播，危害畜禽及人类健康。建设沼气池的主要作用是把动物产生的排泄物转化为沼气，在处理动物排泄物的同时还创造能源价值，并且有利于农作物产量的提高，实现畜禽养殖过程中废弃物的可持续养殖。⑥加强兽医防疫环境的建设。畜禽养殖过程中会面临各种动物疾病或病原菌对环境的威胁，建设兽医防疫站除了可以及时预防重大动物疫病的发生，还可以对发病的畜禽进行及时治疗并防止扩散与传染的发生，提高畜禽产品质量，确保养殖户的利益以及畜禽产品的质量安全。

四是建立规范化的动物防疫检疫制度。科学规范的检疫制度要求饲养人员定期进行消毒工作，配合兽医、检验室等相关工作。饲养人员应具备专业素质，并定期对农场进行清洁和消毒。兽医必须有合格的兽医资格证书，卫生监督部门要安排专人定期从牲畜和家禽农场收集血液，检测血液中的抗体是否为正常标准的水平。

五是要有一个健全和完整的数据库来改进工作。有必要记录农场整个养殖过程的细节，特别是病死动物的处理过程。

二、高效落实政府补偿机制

为保证疫情期间的防控效果，严防对动物扑杀补偿政策落实不到位的情况发生，就要确保补偿政策的有效执行，部分地方政府财力、人力、执行力有限，对于当地养殖户大量的扑杀行为难以持续或及时投入相应的补偿资金，导致扑杀补偿政策落实效率较低，养殖户为规避利益风险，选择不配合政府政策的概率上升，继而导致疫情防控中的阻碍较大。因此动物疫情发生期间建议将补偿落实力度纳入政府部门工作绩效考核标准，部门负责人考虑到未来的待遇和荣誉以及对仕途发展的影响，对补偿机制的落实工作就会投入更大的精力。

三、支持畜禽规模化养殖生产

目前，我国农民的动物疫病防控工作还不够全面，防控的主要手段只有疫苗，忽视了动物的生存环境。由于养殖场大多是开放的，人们可以随意进入，进入时没有做好消毒措施，很容易将细菌和病毒带入围栏，导致动物感染疾病。因此，政府应严格要求养殖企业和养殖户个体按要求建立标准化养殖基地，设置消毒室，对所有人员进行彻底消毒，并定期对动物围栏进行清洁消毒，创造健康规范的动物生存环境。

未来畜禽养殖的发展趋于集约化。因此，养殖户应逐渐从传统养殖模式向集约化养殖模式发展理念的转变，农业部门应该针对我国养殖模式发展理念的转变加大引导力度，完成传统的个体饲养模式向集约化生产模式的转变。相关执法部门应积极有效地向养殖户宣传集约化养殖相比个体饲养模式的优势，同时为养殖户建立一个合理、系统、全面、适用、标准的管理制度。此外应确保畜禽的养殖环境以及饮食等方面均符合统一制定的标准，从而使养殖过程中各个环节的管理做到有条不紊地进行。集约化养殖对保障动物性食品安全意义重大。各地区农业部门应遵循国家基本制度，完成对应的辅助管理措施的制定，从而积极推进规模化养殖，将原有的分散性养殖户集中起来，使规模化养殖区得以建立，并由专业人员提供相应的技术支持，使整个动物养殖过程更加规范，从而保障动物性食品安全。

四、力抓产品流通阶段监管

养殖户要严格遵循定期检验检疫工作。检疫对提高畜禽产品质量起着至关重要的作用。检疫的应用可以及时有效地发现畜禽产品在生产、加工和运输过程中存在的问题，从而保证最终流向市场上的畜禽产品的质量安全。各地卫生监督部门要全面推进食品安全检疫相关法律制度的落实，确保食品检疫等工作顺利进行。首先，待检疫动物出售前，养殖户应当在规定时间向当地监管部门提交检疫申请，然后由当地卫生监督部门人员到场审查畜禽的检疫档案。如有特殊情况兽医应采集样品并送到专业实验室进行检验，若检验结果合格，应当出具有关的检验检疫安全证明书。样品不合格的，工作人员应依法在指定区域进行无害化处理。其次，屠宰动物应当有专业兽医人员监督，不得擅自进行，应当按照国家动物屠宰条例规定的相关步骤进行。最后，屠宰场必须提供动物屠宰证明，运输等相关文件必须齐全。根据相关规定，动物屠宰前后都应及时进行检疫，待检验合格后，应及时填写屠宰检疫记录。

检疫过程中如有一系列违法行为，由当地检疫管理部门依据《中华人民共和国动物防疫法》等法律法规对违法行为进行处罚。屠宰过程中应对有质量问题的畜禽采取相应的强制性措施，主要包括采集畜禽样本和抽样检查。若有疑似感染疫病的畜禽样本的，应当依照法律规定采取隔离、扣押、抽样等有关措施，以确保感染或疑似感染疫病的畜禽可以在短时间内将其与未感染的畜禽进行隔离。如果有不确定症状的畜禽或急性感染畜禽出现，应在最短的时间内将其与其他畜禽进行隔离，如果畜禽感染的是慢性传染性疾病，应采取长期隔离措施。对已投入市场的染病或疑似染病的畜禽产品及时查封，同时为了保证整个食品市场的安全，当地卫生监督部门应采用消毒和无公害处理等方式处理已查封的畜禽产品。

第三节　强化动物性食品企业食品质量安全管理体系

一、加强与消费者的双向互动

动物性食品企业是食品生产主体，是食品质量安全的第一责任人，同时也是信息传播的主体之一。动物性食品企业应具有更强的保障食品安全的自觉性和责任心。一方面要严格控制原料入口、生产工序、生产环境等关键要素，消灭食品安全隐患。要加强对从业人员关于食品安全方面的培训，要建立食品安全管理制度，严格控制原料入口、生产工序、生产环境等关键要素，消灭食品安全隐患。另一方面动物性食品企业应建立生产者与消费者的无障碍沟通，取得消费者的信任。要将企业的产品安全保障措施、管理制度、企业的科技进步通过各种各样的途径告诉大家，鼓励生产车间环境向媒体及消费者全领域开放，让消费者目睹生产过程，适当给予机会让消费者共同参与农场的生产管理。

二、推进制度体系建设目标调整

在国外，比如欧盟和美国在食品质量安全管理方面具有许多法律法规且针对性明确。美国形成食品安全监管体系的过程首先是美国食品监管部门对食品标签法规的制定，之后还会依据食品行业在市场中发展的趋势来完善和修订食品安全监管体系。相较于美国，欧盟的食品监管体系更为系统化和法制化。在我国，首先国家遵循从"农场到餐桌""链条式"的指导思想，充分研究了发达国家食品安全监督体系相关法规的优缺点，结合我国的基本国情制定了食品安全监督体系的相关法律法规，形成了一套符合我国国情的具有科学性和实施性的法律法规。因此，要进一步加快制度体系目标调整，补足原有法律法规的不足之处，完善原有法律法规的时效性和科学性，使各项制度在落实过程中更加明确。管理体系对于降低食品安全监管的成本具有里程碑的意义，且其本身就具有可预防性和事前性。目前，我国食品安全法律体系在国际社会中是至关重要的角色，被国际社会认为是比较全面且科学性较强的一套食品安全监管体系。其次食品安全监管体系在立法过程中，应该考虑到农产品的应急机制和预警机制，在预防方面还应该考虑到风险和管理机制，保证监管能够全方位执行。最后要明确执法主体，保证体系的独立性，在原有的法律法规的基础上构建信息交流咨询相关体制，为制定决策者提供准确、客观的信息，为立法打下基础。地方政府和中央政府要明确农产品监督管理职责，相互协调，确保执法实效，全面提高执法效率。在国家条令政策下，各地方食品安全监管部门要结合当地的实际情况，对法律法规进行补充和调整。

三、加快质量安全监测体系建设

企业自身对于产品质量安全的把控是重中之重。在我国，动物食品安全检测方面已经形成了较为成熟的检测体系，这也为动物食品的质量安全提供了巨大的保障。然而我国虽然在动物食品安全检测方面取得了一些成绩，但与发达国家和地区相比，依然存在不少问题，在一些环节需要逐步完善。比如，企业内部检测技术水平有待进一步提高，质检部门动物食品安全技术研发和动物食品质量安全检测体系建立等方面仍需要不断完善。

四、建立健全安全监管体系标准化

目前我国大型动物性食品企业内部食品安全监管依然存在很多问题，主要体现在以下几个方面：食品监管标准工作过程中可能存在任务重叠，管理标准存在分歧且非常复杂，技术应用水平有待提高。例如同类型食品中，《中华人民共和国食品卫生法》规定主管机关为卫生部，但《中华人民共和国产品质量法》规定国家质检总局为食品监督的主要部门。针对农产品而言，在国家颁布的《中华人民共和国农产品质量安全法》中，农业农村部有多个检验部门制定农产品检验标准，各部门发布的标准不同，检验部门之间很难保证标准的协调统一，削弱了部门的职能。这就使企业在食品质量检验中较为主观，由于存在不同的检验标准，检验结果可能与第三方检测单位出现较大的差异。

标准体系是畜牧业标准化生产过程中最重要的部分，对确保畜产品质量和安全起着重要作用。目前，中国已经逐步形成了以行业标准为主，农产品企业生产标准和地方标准为辅的管理体系。但与西方发达国家相比，我国的建设进程相对较慢，且综合科技实力相对较弱。因此，建议加快修订项目专项计划的实施，加快组织实施畜牧标准的制定，加快对发达国家标准、出口贸易国家标准和国际组织标准进行系统性研究，加快畜牧生产技术法规的制定，确保农药残留、饲料添加剂、兽药以及有害金属的含量符合国家相关标准，保持在安全合理范围内，且应通过专业的检测方法对畜禽产品质量进行测试和分级。

五、强化产品加工阶段监管

部分动物性食品企业包括了养殖、加工、销售整个产业链，企业内部会对产品加工阶段的环境等各方面标准进行评审，尤其针对畜禽养殖、屠宰加工、畜禽产品无害化处理方面应严格按照《中华人民共和国动物防疫法》的相关规定。评审内容为：一是选址要求，即选址与居民饮水区、医院、住宅、学校等场所的距离。二是生产工艺流程及工程设计要求，即生产区、生活区、污染道及清洁道要严格规范区间隔离。三是设施设备清洗消毒以及无害化处理要求，即各场所除了要配备病死畜禽、染疫动物、污物、污水等的无害化处理设备，还需配备患病及病死畜禽生活隔离圈舍及入口消毒保洁设备。四是防疫技术人员要求，各养殖场要有专业防疫技术人员或兽医机构的外聘人员，保证养殖场内畜禽防疫工作的顺利进行。

第四节　制定群体间认知及信任强化对策

一、专业化职能，落实监管力度

改变相关部门间原有的分工管理基本理念，建立协调统一的执法管理部门，实施部门间的分级化管理。此外，各管理层在建立权责时应避免重叠，提高专业化职能监管行政效率并充分发挥作用。专业职能部门在履行上述职责时可以采取以下 5 种措施：一是建立健全全面协调的动物食品安全管理体系；二是考虑自身动物食品标准体系、风险评估机制和检验体系的科学性；三是重点对食品来源进行管理，强调其重要作用；四是要建立相应的食品安全召回制度以及食品信息流通轨迹，以此完善整个食品安全管理体系；五是对应的应急情况处理机制在出现食品安全监督事故时应该发挥出重要作用。

二、加大动物性食品安全宣传力度

强化相关部门对动物性食品安全的宣传力度，引起全体公民尤其是偏远地区的公民及养殖户对动物中疫病以及防疫工作的重视。同时，各个地区各级相关畜禽防疫部门要做到深入实践的宣传，而非仅限于口头宣传。要让广大畜禽养殖户和大众对疫苗的安全性和质量有绝对的信任，从而使他们自愿地加入到相关畜禽部门的日常防病防疫工作，使动物防疫工作顺利进行并且能够得到普及。要引起一个动物性食品企业对食品安全的重视程度，首先就得引导企业中的领导层重视食品质量安全管理意识，从而严格落实动物性食品生产加工过程中的质量安全监管工作。其次，呼吁企业领导层在日常的工作中融入企业的发展目标，再不断完善自身的思想观念，有效利用好自身的带头引导作用。再次，有效利用企业内部宣传栏、告示、企业网、会议等途径，引起企业中基层员工对食品安全的高度重视，将保障食品质量安全当作首要任务。最后将企业内部食品质量安全管理体系与系统完善化、合理化，从而保障所生产食品的质量安全。充分认识要实现管理模式的转变，就要利用相关部门专业化分工的优势，进一步加强食品相关部门和机构之间的相互协作能力，从而能够共同积极地投入动物性产品的质量监管工作中。

三、完善动物性食品可追溯体系

以完成动物性食品安全从农田到餐桌监管全过程为目的，建立食品安全可追溯体系，食品安全可追溯体系属于系统性的工程，其包含一系列具体实施的方法和阶段。

其主要作用是用于对市场上或其他环节出现问题产品时及时召回和查处，并且在处理过程中，对相关可能出现的隐患产品及时检测和追寻，做到有据可循、有迹可追。因此，建立健全一体化的食品安全可追溯体系对于动物性食品质量安全的保障具有重大意义。

四、完善动物性食品市场准入制度

全程化监管动物性食品投入市场过程是市场上动物性食品安全的重要保证。在进行监管过程中，应重点监管违禁药物、重金属含量、抗生素含量等。此外，吸取欧美等国家在食品安全监管方面的经验教训，建立健全科学化、体系化以及标准化的动物性食品市场准入体制，如此我国食品生产企业可以依据我国目前相关规定生产并投入安全性食品进入市场。

动物性食品质量监控的最后一关是产品的流通环节。保证流通环节的动物性食品质量安全，应做到以下两点：一方面建立健全目前的动物食品检疫制度，特别是进口动物食品，要首先进行监管。另一方面对市场部门的监管也至关重要。在执法监督过程中，有关执法人员必须坚持公平公正的基本工作原则，不仅可以依靠罚款手段进行监督，还要采取多种措施实施监督治理。另外执法过程中应将农贸市场作为重点监管中心等。

附录 1

《我国动物性食品消费者动物疫情认知与消费行为调查》调研问卷

编号：

组织单位：＿＿＿＿＿＿＿＿ 调研对象：<u>动物性食品消费者</u>

调研地点：＿＿＿＿＿＿＿＿ 调研时间：<u>　年　　月　　日</u>

一、调研概况

调研目的：

为进一步了解动物疫情突发情况下影响动物消费者行为决策的因素，现以非洲猪瘟疫情为例进行调研。问卷设计主要针对非洲猪瘟疫情下，家庭平均消耗猪肉量、购买猪肉的地点、对猪肉安全认知情况、疫病对猪肉质量的影响、影响其购买猪肉的因素以及对目前我国疫病防控的满意情况等，构建 Logit 计量模型，对我国动物性食品消费者在动物疫情突发下的行为决策进行分析。

调研范围：

全国部分地区：四川、北京、安徽、江苏、甘肃、福建、黑龙江、河南、辽宁等19个省（区、市）。

调研方式：

本次总体调研主要采用问卷调查和访谈方式。

二、基本信息情况

1. 您的性别为（　　　）。

A. 男　　　　　　　　　B. 女

2. 您的年龄为（　　）。

A. 18～25 岁　　　B. 26～35 岁　　　C. 36～45 岁　　　D. 46～60 岁

E. 60 岁以上

3. 您的学历为（　　）。

A. 初中及其以下　　　　　　　B. 高中或中专

C. 大专或本科　　　　　　　　D. 研究生及其以上

4. 您的家庭人口数为（　　）。

A. 1 人　　　　　B. 2 人　　　　　C. 3 人　　　　　D. 4 人

E. 5 人　　　　　F. 6 人及以上

5. 您的家庭月收入为（　　）。

A. 3 000 元以下　　　　　　　B. 3 000～7 500 元

C. 7 500～10 000 元　　　　　D. 10 000～20 000 元

E. 20 000 元以上

6. 您目前的职业为（　　）。

A. 公司中、高管

B. 国有、事业单位正式人员或公务员

C. 普通职员

D. 经商

E. 自由职业（退休）

F. 家庭主妇

G. 其他____（请具体说明）

三、动物疫情认知及消费行为

7. 您家里平均一个月吃多少猪肉（　　）。

A. 1～5 斤　　　B. 5～10 斤　　　C. 10～15 斤　　　D. 15 斤以上

8. 您通常从哪里购买猪肉（　　）。（多选）

A. 没有固定地方，哪里方便去哪里

B. 菜市场/集市

C. 定点销售门市

D. 自己养的猪，不从外面购买猪肉

E. 大型超市

F. 其他＿＿＿（请具体说明）

9. 您认为猪肉质量安全状况一般处于哪个等级（　　　）。

A. 非常安全　　　B. 比较安全　　　C. 不知道　　　D. 不太安全

E. 非常不安全

10. 您认为生猪动物疫病的发生会不会对猪肉质量安全产生影响

（　　　）。

A. 肯定会　　　　B. 会　　　　　C. 不知道　　　D. 不会

E. 肯定不会

11. 您认为下列哪些环节会影响猪肉质量安全（　　　）。（多选）

A. 饲养环节　　　　　　　　　B. 加工环节

C. 销售环节　　　　　　　　　D. 屠宰环节

E. 其他＿＿＿（请具体说明）

12. 购买猪肉时，您对猪肉产品的销售环境卫生状况（　　　）。

A. 完全不关注　　　　　　　　B. 不太关注

C. 一般　　　　　　　　　　　D. 比较关注

13. 购买猪肉时，您对猪肉产品的外观色泽及新鲜程度（　　　）。

A. 完全不关注　　　　　　　　B. 不太关注

C. 一般　　　　　　　　　　　D. 比较关注

14. 购买猪肉时，您对猪肉产品的检验检疫标识（猪肉上的蓝标或红标）（　　　）。

A. 完全不关注　　　　　　　　B. 不太关注

C. 一般　　　　　　　　　　　D. 比较关注

15. 购买猪肉时，您对我国猪肉行业整体质量安全状况（　　　）。

A. 完全不关注　　　　　　　　B. 不太关注

C. 一般　　　　　　　　　D. 比较关注

16. 购买猪肉时，您对我国生猪养殖方面的畜禽疫情信息（　　）。

A. 完全不关注　　　　　　B. 不太关注

C. 一般　　　　　　　　　D. 比较关注

四、风险认知及规避行为

17. 您对当前我国食品行业的关注度为（　　）。

A. 完全不关注　　　　　　B. 不太关注

C. 一般　　　　　　　　　D. 比较关注

E. 非常关注

18. 您认为当前我国食品质量安全状况为（　　）。

A. 非常不安全　　　　　　B. 不太安全

C. 一般　　　　　　　　　D. 比较安全

E. 非常安全

19. 与 5 年前相比，您认为我国当前的食品质量安全水平（　　）。

A. 降低非常多　　　　　　B. 有所降低

C. 没有明显变化　　　　　D. 有所提高

E. 提高了许多

20. 动物疫病发生期间，您的猪肉消费量是否有所变化（　　）。

A. 减少了 10%　　　　　　B. 减少了 10% ~30%

C. 减少了 30% ~50%　　　D. 减少了 50% 以上

E. 没有改变

21. 了解疫情信息后，户外就餐或网上购买食品时，选择猪肉菜品的比例（　　）。

A. 减少了许多　　　　　　B. 减少了一些

C. 没有明显变化　　　　　D. 有所增加

E. 增加了许多

22. 动物疫病发生期间，您对"减少猪肉的消费，用其他肉类代替"

的看法是（　　　）。

    A. 非常不同意   B. 不太同意

    C. 一般   D. 比较同意

23. 动物疫病发生期间，您对"关注周围人的选择，再决定是否继续消费猪肉"的看法是（　　　）。

    A. 非常不同意   B. 不太同意

    C. 一般   D. 比较同意

24. 动物疫病发生期间，您对"改变猪肉的烹饪方式，使其更安全"的看法是（　　　）。

    A. 非常不同意   B. 不太同意

    C. 一般   D. 比较同意

25. 您对目前本地市场上销售的猪肉质量安全状况（　　　）。

    A. 非常不满意   B. 不太满意

    C. 一般   D. 比较满意

26. 您对我国政府对生猪养殖场所的监管力度（　　　）。

    A. 非常不满意   B. 不太满意

    C. 一般   D. 比较满意

27. 您对我国政府在非洲猪瘟期间所采取的防控措施（　　　）。

    A. 非常不满意   B. 不太满意

    C. 一般   D. 比较满意

28. 您对我国非洲猪瘟疫情控制效果（　　　）。

    A. 非常不满意   B. 不太满意

    C. 一般   D. 比较满意

29. 有关非洲猪瘟疫情，您最关心的问题是（　　　）。

A. 非洲猪瘟疫情是如何传播扩散的

B. 我所在的周边地区是否有非洲猪瘟疫情

C. 怎样识别含有非洲猪瘟病毒的猪肉

D. 食用含非洲猪瘟病毒的猪肉是否影响身体健康

E. 怎样杀死猪肉里的非洲猪瘟病毒

F. 当前政府采取了哪些措施减缓非洲猪瘟疫情

G. 其他_____（请具体说明）

附录 2

《我国动物疫情突发下养殖户的行为决策》调研问卷

编号：

组织单位：＿＿＿＿＿＿＿＿　调研对象：　<u>动物性食品消费者</u>

调研地点：＿＿＿＿＿＿＿＿　调研时间：　　年　　月　　日

一、调研概况

调研目的：

为进一步了解动物疫情突发情况下影响养殖户决策行为的因素，现以突发动物疫情为例进行调研。问卷设计主要针对突发动物疫情下，我国养殖户对动物疫情认知及防控情况，例如动物疫情突发时期养殖动物疫苗注射频率、家禽舍清扫频率以及周边发生非洲猪瘟时的处理手段等，构建Logit 计量模型，对我国养殖户在动物疫情突发下的行为决策进行分析。

调研范围：

全国部分地区：四川、山西、山东、安徽、北京、吉林、黑龙江、贵州、重庆、河北等17个省（区、市）。

调研方式：

本次总体调研主要采用问卷调查和访谈方式。

二、基本信息

1. 您的性别为（　　　）。

A. 男　　　　　　　　　　B. 女

2. 您的年龄为（　　　）。

A. 18～25 岁　　B. 26～35 岁　　C. 36～45 岁　　D. 46～60 岁

E. 60 岁以上

3. 您的学历为（　　）。

A. 初中及其以下　　　　　　　B. 高中或中专

C. 大专或本科　　　　　　　　D. 研究生及其以上

4. 您的养殖种类为（　　）。

A. 肉鸡　　　　B. 蛋鸡　　　　C. 猪　　　　　D. 肉羊

E. 肉牛　　　　F. 奶牛　　　　G. 其他____（请具体说明）

5. 您的养殖规模为（　　）。（数量单位：头或只）

A. 100 以下　　B. 100～500　　C. 500～1 000　　D. 1 000～2 000

E. 2 000～3 000　F. 3 000 以上

6. 您的养殖经营形式为（　　）。

A. 独立养殖模式　　　　　　　B. "公司＋农户"模式

C. 合作社养殖模式　　　　　　D. 其他____（请具体说明）

三、动物疫情认知及防控情况

7. 您家养殖动物疫苗注射频率为（　　）。

A. 不注射　　　　　　　　　　B. 1 周 1 次

C. 半个月 1 次　　　　　　　　D. 1 个月 1 次

E. 半年 1 次　　　　　　　　　F. 1 年 1 次

8. 您家禽舍清扫消毒频率是（　　）。

A. 每天　　　　　　　　　　　B. 1 周 1 次

C. 半个月 1 次　　　　　　　　D. 1 个月 1 次

9. 您对动物疫情（如非洲猪瘟）的了解程度为（　　）。

A. 非常了解　　　　　　　　　B. 比较了解

C. 有所了解　　　　　　　　　D. 基本不了解

E. 完全不了解

10. 您对疫病（如非洲猪瘟）的症状与病毒传播途径的了解程度为

(　　)。

　　A. 非常了解　　　　　　　　　B. 比较了解

　　C. 有所了解　　　　　　　　　D. 基本不了解

　　E. 完全不了解

11. 假如周边发生非洲猪瘟疫情, 并要求强制扑杀, 您通常的处理方式为 (　　)。

　　A. 绝不主动去扑杀拿补偿

　　B. 如补偿政策不能兑现, 则暂时不扑杀

　　C. 立即屠宰全部

　　D. 无条件扑杀全部, 就地掩埋或丢弃

　　E. 等待执法人员要求之后再扑杀, 并按要求处理病死动物

12. 对重大动物疫情造成的后果, 您认为 (　　)。

　A. 疫情仅会危及本养殖场, 不会对其他养殖场造成影响

　B. 只要有疫苗、药物的注射, 就能及时控制疫情蔓延

　C. 如果防控措施不及时, 会具有严重的社会危害性

13. 近 5 年来是否经历过动物疫情 (　　)。

　　A. 是　　　　　　　　　　　B. 否

　如果发生过, 主要疫病是 (　　)。(可多选)

　　A. 猪瘟　　　　　　　　　　B. 高致病性猪蓝耳病

　　C. 高热病　　　　　　　　　D. 口蹄疫

　　E. 猪肺炎

14. 您是如何判断养殖场出现重大动物疫情的 (　　)。(多选)

　　A. 畜禽出现疫情状态　　　　B. 畜禽出现死亡情况

　　C. 社会畜禽疫情暴发　　　　D. 其他____ (请具体说明)

15. 面对动物疫情暴发的风险, 您选择的防控行为是 (　　)。

　　A. 不采取任何防控措施

　　B. 只进行预防性防控

C. 只在疫情暴发时进行防控

D. 既进行预防控也在疫情暴发时防控

16. 当疫情暴发时，您家配合扑杀养殖动物数量占比为（　　　）。

A. 0～30%
B. 31%～50%

C. 51%～80%
D. 80%以上

17. 您对于采取疫情防控措施的意愿是（　　　）。

A. 非常愿意
B. 比较愿意

C. 一般
D. 不愿意

E. 非常不愿意

18. 对政府疫情防控政策的了解程度为（　　　）。

A. 非常了解　　B. 了解　　　C. 一般　　　D. 不了解

E. 完全不了解

19. 您认为目前本养殖场重大动物疫情防控存在的问题有（　　　）。
（多选）

A. 防控经费不足
B. 缺乏展业技术人员

C. 扑杀补贴标准低
D. 畜禽养殖方式落后，防控难度大

E. 基层防疫力量薄弱
F. 对疫情认知不足

G. 其他

四、您认为以下因素对动物疫情防控影响程度

20. 疫病的传染速度（　　　）。

A. 毫无影响
B. 有较小影响

C. 有影响
D. 有较大影响

E. 有很大影响

21. 疫病的传播/传染方式（　　　）。

A. 毫无影响
B. 有较小影响

C. 有影响
D. 有较大影响

E. 有很大影响

22. 网络上对动物疫情的报道 （　　　）。

A. 毫无影响　　　　　　　　B. 有较小影响

C. 有影响　　　　　　　　　D. 有较大影响

E. 有很大影响

23. 周围养殖户饲养的畜禽的疫病发生情况 （　　　）。

A. 毫无影响　　　　　　　　B. 有较小影响

C. 有影响　　　　　　　　　D. 有较大影响

E. 有很大影响

24. 自身的养殖防疫技术 （　　　）。

A. 毫无影响　　　　　　　　B. 有较小影响

C. 有影响　　　　　　　　　D. 有较大影响

E. 有很大影响

25. 我国兽医水平 （　　　）。

A. 毫无影响　　　　　　　　B. 有较小影响

C. 有影响　　　　　　　　　D. 有较大影响

E. 有很大影响

26. 疫情发生时政府采取的紧急免疫措施 （　　　）。

A. 毫无影响　　　　　　　　B. 有较小影响

C. 有影响　　　　　　　　　D. 有较大影响

E. 有很大影响

27. 政府开发相关兽药及疫苗的力度 （　　　）。

A. 毫无影响　　　　　　　　B. 有较小影响

C. 有影响　　　　　　　　　D. 有较大影响

E. 有很大影响

28. 政府控制疫情能力 （　　　）。

A. 毫无影响　　　　　　　　B. 有较小影响

C. 有影响　　　　　　　　　D. 有较大影响

E. 有很大影响

29. 政府紧急免疫措施（　　　）。

A. 毫无影响

B. 有较小影响

C. 有影响

D. 有较大影响

E. 有很大影响

参 考 文 献

［1］安丰东．信息不对称与食品安全规制［J］．中国市场，2006
（45）：82—83.

［2］曹裕，余振宇，万光羽．新媒体环境下政府与企业在食品掺假中
的演化博弈研究［J］．中国管理科学，2017（6）：179—187.

［3］陈刚，徐子才．动物性食品企业可追溯生产研究：现状与展望
［J］．粮食与油脂，2019，32（8）：1—3.

［4］陈秋玲，马晓珊，张青．基于突变模型的我国食品安全风险评估
［J］．中国安全科学学报，2011，21（2）：153—158.

［5］陈莎莎，王娟．我国兽药使用规定及规范管理分析［J］．中国动
物检疫，2017，34（7）：49—52.

［6］陈煦江，蒋夏霞，高露．食品安全治理的国外研究新进展及对我
国的启示［J］．食品工业科技，2013，34（14）：49—53.

［7］范伟兴．当前布鲁氏菌病现状和职业人群防护［J］．兽医导刊，
2015，17（9）：18—22.

［8］范伟兴，狄栋栋，田莉莉．当前家畜布鲁氏菌病防控策略与措施
的思考［J］．中国动物检疫，2013，30（3）：64—66.

［9］费威，王俏荔．食品经销商与生产商的食品检验合格率分析——
基于网络食品质量安全视角的研究［J］．商业研究，2016（11）：24—32.

［10］高静荐．兽药残留对动物性食品安全影响分析［J］．中国畜禽
种业，2018，14（10）：50.

［11］公共卫生科学数据中心. 全国布病监测数据［EB/OL］. http://www. phsciencedata. cn/Share/edtShareNew. jsp?id＝663###,2004－2017.

［12］蒋羽, 谌鸿超, 万益, 等. 以互联网＋的思维打造进口动物源性食品安全监管新体系［J］. 物流工程与管理, 2017, 39（10）: 140—141.

［13］李金华, 凌捷, 何晓桃, 等. 一类食品质量安全追溯系统的设计与实现［J］. 计算机系统应用, 2009, 18（1）: 5—8.

［14］林挺, 张俊, 张丽. 网络趋同效应导致食品生产商集体道德缺失及协同治理的演化分析［J］. 天津科技, 2016, 43（5）: 24—29.

［15］刘秉阳. 布鲁氏菌病学［M］. 北京, 人民卫生出版社, 1989: 81—84.

［16］刘延海, 张朗, 张利华. 食品物流行业安全管理探讨［J］. 物流技术, 2012, 31（15）: 138—140.

［17］刘忠侠. 我国城镇居民肉类食品需求的计量模型分析［J］. 中国食物与营养, 2010（4）: 43—46.

［18］师子钧. 动物防疫检疫对食品安全的作用［J］. 畜牧兽医科技信息, 2019（8）: 56.

［19］宋焕, 王瑞梅, 胡妤. 食品供应链中溯源信息共享的演化博弈分析［J］. 哈尔滨工业大学学报（社会科学版）, 2017, 19（2）: 111—118.

［20］王功伟. 探索新形势下动物源性食品安全示范区建设［J］. 中国动物保健, 2019, 21（8）: 46—47.

［21］王慧敏, 乔娟. 农户参与食品质量安全追溯体系的行为与效益分析——以北京市蔬菜种植农户为例［J］. 农业经济问题, 2011, 32（2）: 45—51, 111.

［22］王冀宁, 潘志颖. 利益均衡演化和社会信任视角的食品安全监管研究［J］. 求索, 2011（9）: 1—4.

[23] 王冀宁，王磊，陈庭强，等.食品安全管理中"互联网＋"行为的演化博弈 [J].科技管理研究，2016，36（21）：211—218.

[24] 王永明，马丽.食品供应链中主体质量投入在政府干预下的博弈研究 [J].物流工程与管理，2018，40（12）：84—88.

[25] 夏文汇，彭瑶，何玉影.食品安全视角的食品供应链物流运行机制研究 [J].包装工程，2015（15）：50—54.

[26] 薛楠，姜溪.基于互联网＋的京津冀一体化农产品智慧供应链构建 [J].中国流通经济，2015（7）：82—87.

[27] 杨慧，李卫成.社会责任角度下的食品安全管理浅谈——基于博弈论 [J].食品工业，2019，40（4）：220—224.

[28] 叶焕翼.加强动物检疫监管，确保动物食品安全 [J].畜牧兽医科技信息，2019（8）：64.

[29] 张明华，温晋锋，刘增金.行业自律、社会监管与纵向协作 [J].产业经济研究，2017，86（1）：89—99.

[30] 张荣莲，李怀立，胡冰冰，等.动物性食品安全问题形成的危害与控制 [J].灾害医学与救援（电子版），2016，5（3）：157—159.

[31] 张兴红.动物防疫对食品安全的重要性 [J].中国畜禽种业，2019，15（4）：51.

[32] 张延平，谢如鹤.食品物流安全管理政策与法规建设亟待加强 [J].中国储运，2006（5）：103—105.

[33] 张园园，孙世民，彭玉珊.基于SCP范式的山东省生猪产业组织分析 [J].山东农业科学，2014，46（2）：145—151.

[34] 赵冬昶.食品流通安全风险管理机制研究——基于流通模式创新视角 [J].价格理论与实践，2011（3）：68—69.

[35] 赵荣，陈绍志，乔娟.美国、欧盟、日本食品质量安全追溯监管体系及对中国的启示 [J].世界农业，2012（3）：82＋1—4＋25.

[36] 中华人民共和国卫生和计划生育委员会.2018年12月全国法定

传染病疫情概况〔EB/OL〕. http：//www. moh. gov. cn/jkj/s3578/201901/
19fc6ca0116d4e6d961fe868f3c3d4f0. shtml.

〔37〕周宁馨，秦明，王志刚. 芬兰食品安全监管体系的特点及其对
我国的启示〔J〕. 中国食物与营养，2015，21（8）：8—11.

〔38〕朱淀，洪小娟. 2006—2012 年中国食品安全风险评估与风险特
征研究〔J〕. 中国农村观察，2014（2）：49—59.

〔39〕A. M. O'Connor, J. M. Sargeant. An introduction to systematic reviews
in animal health, animal welfare, and food safety〔J〕. Animal Health Re-
search Reviews, 2014, 15（1）.

〔40〕Ana. M. Rule, Sean. L. Evans, Ellen. K. Silbergeld. Food animal
transport：A potential source of community exposures to health hazards from in-
dustrial farming（CAFOs）〔J〕. Journal of Infection and Public Health, 2008,
1（1）.

〔41〕A. Perez, J. Alvarez, I. Iglesias, K. Vander Waal, F. Mardones,
M. Alkhamis, E. Rieder. Food safety and animal health and production：one
health, many challenges, no silver bullets〔J〕. Journal of Animal Science,
2018, 96.

〔42〕Beach. R. H, Kuchler. F, Leibtag. E, et al.. The effects of avian
influenza news on consumer purchasing behavior a case study of Italian
consumers' retail purchases〔R〕. Washington, 2008.

〔43〕Bellemain. V. The role of veterinary services in animal health and food
safety surveillance, and coordination with other services〔J〕. Revue scientifique
et technique（International Office of Epizootics）, 2014, 32（2）.

〔44〕Benjamin. O, Arbindra. R. , Dragan. M, et al. Food safety risk per-
ceptions as a tool for market segmentation：the U. S. poultry meat market〔J〕.
J. Food Distribut. Res, 2009, 40（3）：79 – 90.

〔45〕B. M. Modisane. Field services：eradication and control of animal diseases : animal health management in the 21st century [J]. Onderstepoort Journal of Veterinary Research, 2010, 76 (1).

[46] B. Petersen, S. Knura – Deszczka, E. Pönsgen Schmidt, S. Gymnich. Computerised food safety monitoring in animal production [J]. Livestock Production Science, 2002, 76 (3).

[47] Davidson. R. M. Control and eradication of animal diseases in New Zealand [J]. New Zealand Veterinary Journal, 2005, 50 (3 Suppl).

[48] Gary Don Halverson. RFID animal identification in the US beef industry: A study of actual costs incurred and price premiums received at the producer level. Proquest Umi Dissertation Publishing, 2011.

[49] I. C. Okoli, N. O. Aladi, E. B. Etuk, M. N. Opara, G. A. Anyanwu, N. J. Okeudo. Current facts about the animal food products safety situation in Nigeria [J]. Ecology of Food and Nutrition, 2005, 44 (5).

[50] Ifft. J, Roland · Holst. D, Zilberman. D. Consumer valuation of safety – labeled free – range chicken: results of a field experiment in Hanoi [J]. Agric. Econ. , 2012 (43): 607 – 620.

[51] Ishida. T, Ishikawa. N, Fukushige. M. Impact of BSE and bird flu on consumers'meat demand in Japan [J]. Applied Economics, 2010 (42): 49 – 56.

[52] I. Tomašević, I. Đekić. Safety in Serbian animal source food industry and the impact of hazard analysis and critical control points: A review [J]. IOP Conference Series: Earth and Environmental Science, 2017, 85 (1).

[53] Junker, Franziska, Komorowska, Joanna, van Tongeren, Frank. Impact of animal disease outbreaks and alternative control practices on agricultural markets and trade: the case of FMD [J]. OECD Directorate for Food, Agriculture and Fisheries. Food, Agriculture and Fisheries Working Papers, 2009 (19).

［54］Just. D. R ，Wansink. B，Turvey. C. G. Biosecurity，terrorism，and food consumption behavior：using experimental psychology to analyze choices involving Fear ［J］. J Agric. Resour. Econ，2009，34（1）：91 － 108.

［55］Leiva. A，Granados Chinchilla. F，Redondo Solano. M，Arrieta González. M，Pineda Salazar. E，Molina. A. Characterization of the animal by － product meal industry in Costa Rica：Manufacturing practices through the production chain and food safety ［J］. Poultry science，2018.

［56］Léger Anaïs，AlbanLis，Veldhuis Anouk，van Schaik Gerdien，Stärk Katharina. D. C. Comparison of international legislation and standards on veterinary drug residues in food of animal origin ［J］. Journal of public health policy，2019，40（3）.

［57］Liao. Q. Y，Wendy. W. T. L，Jiang. C. Q，et al.. Avian influenza risk perception and live poultry purchase in Guangzhou，China，2006 ［J］. Risk Anal，2009，29（3）：416 － 424.

［58］Lynch. J. A，Silva P. Integrating animal health and food safety surveillance data from slaughterhouse control ［J］. Revue scientifique et technique（International Office of Epizootics），2014，32（2）.

［59］Mattevi. M，Jones. J. A. Traceability in the food supply chain：awareness and attitudes of UK Small and Medium － sized Enterprises ［J］. Food Control，2016（64）：120 － 127.

［60］Mcelwain. T. F，Thumbi. S. M. Animal pathogens and their impact on animal health，the economy，food security，food safety and public health ［J］. Revue scientifique et technique（International Office of Epizootics），2017，36（2）.

［61］Monique R. E. Janssens，Floryt Wesel. Connecting Parties for Change：a Qualitative Study into Communicative Drivers for Animal Welfare in the Food Industry ［J］. Food Ethics，2019.

［62］Muhammad Farooque, Abraham Zhang, Yanping Liu. Barriers to circular food supply chains in China ［J］. Supply Chain Management: An International Journal, 2019, 24（5）.

［63］Mu. J. E, Mc. Carl. B. A, Bessler. D. Impacts of BSE and avian influenza on U. S. meat demand ［A］. In: Processing of the Agricultural and Applied Economics Association's 2013 AAEA and CAES Joint Annual Meeting ［C］. USA, 2013.

［64］Mu. J, Mc. Carl. B. A. Does negative information always hurt meat demand? an examination of avian influenza information impacts on U. S ［A］In: Processing of the 1st Joint EAAE / AAEA Seminar ［C］. Germany, 2010.

［65］P. M. Depa, Umesh Dimri, M. C. Sharma, Rupasi Tiwari. Update on epidemiology and control of Foot and Mouth Disease – A menace to international trade and global animal enterprise ［J］. Veterinary World, 2017, 5（11）.

［66］Pozio. E. Integrating animal health surveillance and food safety: the example of Anisakis ［J］. Revue scientifique et technique（International Office of Epizootics）, 2014, 32（2）.

［67］Pulina, Battacone, Brambilla, Cheli, Danieli, Masoero, Pietri, Ronchi. An Update on the Safety of Foods of Animal Origin and Feeds ［J］. Italian Journal of Animal Science, 2014, 13（4）.

［68］Rich. K. M, Dizyee. K, Huyen Nguyen. T. T, Ha Duong. N, Hung Pham. V, Nga Nguyen. T. D, Unger F, Lapar. M. L. Quantitative value chain approaches for animal health and food safety ［J］. Food microbiology, 2018（75）.

［69］Rich. K. M, K. Dizyee, T. T. Huyen Nguyen, N. Ha Duong, V. Hung Pham, T. D. Nga Nguyen, F. Unger, M. L. Lapar. Quantitative value chain approaches for animal health and food safety ［J］. Food Microbiology, 2017.

［70］ Smith. D, Riethmuller. P. Consumer concerns about food safety in Australia and Japan ［J］. International Journal of Social Economics, 1999, 26 (6): 724 –741.

［71］ Sónia Ramos, Nuno Silva, Manuela Caniça, José Luis Capelo – Martinez, Francisco Brito, Gilberto Igrejas, Patrícia Poeta. High prevalence of antimicrobial – resistant Escherichia coli from animals at slaughter: a food safety risk ［J］. Journal of the Science of Food and Agriculture, 2013, 93 (3).

［72］ Thomas Burkgren, Lyle Vogel. Stakeholder position paper: Food animal veterinarian ［J］. Preventive Veterinary Medicine, 2005, 73 (2).

［73］ Turvey. C. G, Onyango. B, Cuite. C, et al. Risk, fear, bird flu and terrorists: a study of risk perceptions and economics ［J］. J. Soc – Econ, 2010 (39): 1 –10.

［74］ Van Eenennaam Alison L, Wells Kevin D, Murray James D. Proposed U. S. regulation of gene – edited food animals is not fit for purpose ［J］. NPJ science of food, 2019 (3).

［75］ Yeping Tan, Changhua Lu, Yinong Hu. Challenges of Animal Derived Food Safety and Counter – measures ［J］. SHS Web of Conferences, 2014 (6).